Unkraut natürlich bekämpfen

Stocker

Umschlaggestaltung: Werbeagentur Rypka GmbH, 8143 Dobl/Graz, www.rypka.at

Bildnachweis:
Kleines Bild am Cover: © Biosphoto/Gianpiero Ferrari/FLPA
Illustrationen S. 42 und 43: Frédéric Claveau
(nach *Jardiner tout naturellement* aus dem Verlag *Les publications du Québec*, 2003)
Alle übrigen Fotos (inkl. Covervorder- und -rückseite) von Denis Pépin

Titel der französischen Originalausgabe:
Denis Pépin: Je désherbe sans produits chimiques ! Solutions, préventives et curatives © by Terre vivante, Mens/France 2015

Aus dem Französischen übertragen von Johanna Steigenberger, BA MA

Bibliografische Information der Deutschen Nationalbibliothek
Die Deutsche Nationalbibliothek verzeichnet diese Publikation in der Deutschen Nationalbibliografie; detaillierte bibliografische Daten sind im Internet über http://dnb.d-nb.de abrufbar.

Hinweis:
Dieses Buch wurde auf chlorfrei gebleichtem Papier gedruckt. Die zum Schutz vor Verschmutzung verwendete Einschweißfolie ist aus Polyethylen chlor- und schwefelfrei hergestellt. Diese umweltfreundliche Folie verhält sich grundwasserneutral, ist voll recyclingfähig und verbrennt in Müllverbrennungsanlagen völlig ungiftig.

Auf Wunsch senden wir Ihnen gerne kostenlos unser Verlagsverzeichnis zu:
Leopold Stocker Verlag GmbH
Hofgasse 5/Postfach 438
A-8011 Graz
Tel.: +43 (0)316/82 16 36
Fax: +43 (0)316/83 56 12
E-Mail: stocker-verlag@stocker-verlag.com
www.stocker-verlag.com

ISBN 978-3-7020-1585-5

Layout und Repro: Werbeagentur Rypka GmbH, 8143 Dobl/Graz, www.rypka.at
Druck: Gorenjski tisk, Kranj, Slowenien

FSC www.fsc.org MIX Papier aus verantwortungsvollen Quellen FSC® C057358

BioGarten PRAXIS

Unkraut natürlich bekämpfen

Denis Pépin

Inhalt

Zum Einstieg

- **Anders denken, anders handeln**
- **Unkrautvernichtung vor der ersten Bepflanzung**
  Im Blick: Einjährige, zweijährige und mehrjährige Pflanzen

Die chemische Unkraut-vernichtung gefährdet unsere Gesundheit und die Umwelt.

Anders denken, anders handeln

Was auch immer die Werbung sagt – Unkrautvernichtungsmittel sind keine harmlosen Produkte. Ganz im Gegenteil: Sie sind gefährlich für den Menschen, ganz besonders für kleine Kinder (hier vor allem die selektiven Unkrautvernichtungsmittel für den Rasen), sie schaden Haus- und Wildtieren sowie den Pflanzen im Garten und rundherum, sie verunreinigen Oberflächen- und Grundwasser.

* Herbizide verunreinigen Wasser und Umwelt

Die Verschmutzung von Gewässern – ein verbreitetes Problem

Die Verunreinigung von Oberflächen- und Grundwasser durch Pestizide nahm in den letzten zehn Jahren kontinuierlich zu. Das Beispiel Frankreich zeigt, wie sehr die Verschmutzung zum Normalzustand geworden ist: Bei einer Untersuchung im Jahr 2011 wurde an 93 % der Messstellen eine Verschmutzung des Wassers festgestellt – Hauptursache sind Herbizide. Zwölf Jahre zuvor waren „nur" 75 % der Wasserläufe betroffen. Beim Grundwasser liegt der Verschmutzungsgrad bei 71 %.

Die meistverbreiteten chemischen Stoffe

In mehr als 30 % der Wasserläufe findet man heute den sehr häufig verwendeten Wirkstoff Glyphosat. Es handelt sich dabei um ein Breitbandherbizid, also ein Mittel, das nicht selektiv wirkt und somit alle oder fast alle Pflanzen zerstört. Dessen Abbauprodukt AMPA ist in mehr als 60 % der Wasserläufe nachweisbar. Da dieses nur schwer zersetzbar ist, häuft es sich an. Das Herbizid DCMU (Handelsname Diuron), das früher besonders in Städten häufig zum Einsatz kam, ist noch in 20 % der Wasserläufe vorhanden, Herbizide für den Rasen werden ebenfalls regelmäßig nachgewiesen (2.4-D, MCPA ...).

* Gefahren für die Artenvielfalt und unsere Gesundheit

Eine Bedrohung für die Artenvielfalt

Der Einsatz von Unkrautvernichtungsmitteln, besonders im ländlichen Raum, ist zu einem hohen Grad mitverantwortlich für den Rückgang der Artenvielfalt an Land und im Wasser. So entsteht eine immer eintönigere Pflanzenwelt, die gegen Herbizide zunehmend resistent wird.
Auch die Tierwelt wird ärmer: Tierarten, die von aussterbenden Pflanzen abhängig sind, sterben ebenfalls aus. Pestizide verändern Mikroflora und Mikrofauna des Bodens und können Regenwürmer vergiften.

2.4-D, das hauptsächlich für den Rasen verwendet wird, wird als für den Menschen schädlich und für die Umwelt und somit auch für Wasserorganismen gefährlich eingestuft. MCPA wird als für den Menschen schädlich und für Wasserorganismen sehr gefährlich klassifiziert. Glyphosat gilt als reizend für den Menschen und gefährlich für die Umwelt und somit auch für Wasserorganismen.

Schwere Auswirkungen auf die Gesundheit

Wie die meisten Pestizide gefährden auch Unkrautvernichtungsmittel unsere Gesundheit. Glyphosat etwa, das von seinen Herstellern gerne als unbedenklich präsentiert wird, steht in dem Verdacht, schwere gesundheitliche Schäden zu verursachen. Das Wissenschaftszentrum Roscoff in der französischen Bretagne etwa stellte fest, dass Glyphosat bei Embryonen von Seeigeln die Kontrollmechanismen für die Zellteilung behindert. Diese genetische Instabilität kann eine Ursache für Krebs sein. Ein Professor der Universität Caen zeigte im Jahr 2012 bei einem Versuch mit Ratten einen deutlichen Zusammenhang zwischen der Aufnahme von Glyphosat durch genmanipulierten Mais und der Entstehung von Krebs auf.

* Die Verantwortung von Hobbygärtnern und Einzelnen

Unkrautvernichtungsmittel werden gerne auf wenig durchlässigen, festen oder festgetretenen Oberflächen verwendet. Häufig sind diese mit Rinnsteinen versehen oder liegen direkt neben Gräben, Bächen oder Flüssen.

Kommen Herbizide auf wenig durchlässigen Böden zum Einsatz, so landen sie sehr bald im Wasserkreislauf.

Eine drei Jahre laufende Studie der Universität Rennes in Frankreich machte die unmittelbare Verantwortung von Hobbygärtnern und Bewohnern sichtbar, die rund um Haus und Garten Unkrautvernichtungsmittel einsetzen. Die Herbizide werden mit dem ersten Regen rasant und in großer Menge in die Flüsse gespült. Dort wird das Wasser durch die Glyphosate verunreinigt, deren Konzentration 80 µg/l erreicht – das ist 800 Mal höher als der zugelassene Maximalwert für Nutzwasser.

* Anwendung von Pflanzenschutzmitteln im Haus- und Kleingartenbereich

Die Verwendung von Pflanzenschutzmitteln wird länderspezifisch geregelt, dient der Verminderung der Risiken und Auswirkungen bei der Verwendung von Pflanzenschutzmitteln für und auf die menschliche Gesundheit sowie die Umwelt und fördert den integrierten Pflanzenschutz sowie alternative Methoden oder Verfahren zu chemischen Pflanzenschutzmitteln. Damit soll die nachhaltige Verwendung von Pflanzenschutzmitteln sichergestellt werden.

Für den **Haus- und Kleingartenbereich** können nur solche Pflanzenschutzmittel erworben werden, die **eigens für diese Verwendung** zugelassen sind. Pflanzenschutzmittel für den Haus- und Kleingartenbereich dürfen grundsätzlich **keine schwerwiegenden gefährlichen Eigenschaften** aufweisen. Profi-Pflanzenschutzmittel, die für die berufliche Anwendung zugelassen sind (Kommunalbereich, Land- und Forstwirtschaft), dürfen nur noch verkauft werden, wenn der Käufer seinen Sachkundenachweis (Bescheinigung gemäß Art. 5 der Richtlinie 2009/128/EG) vorlegt.

Halten Sie beim Einsatz von Pestiziden mindestens 1 m Abstand zu Gewässern, Wassergräben, Flüssen, Kanälen etc.

Für Verwender von Pflanzenschutzmitteln ist die sachgemäße Anwendung und Lagerung verpflichtend. Dies umfasst die Befolgung der **Grundsätze der guten Pflanzenschutzpraxis** (z. B. wenn Restmengen anfallen, sie mit Wasser im Verhältnis 1 : 10 verdünnen und im Garten ausbringen), aber auch die Einhaltung der auf dem Etikett angegebenen Bedingungen (z. B. richtige Dosierung). Lesen Sie die Gebrauchsanleitung sorgfältig durch. Halten Sie sich an die dort angegebenen Vorsichtsmaßnahmen und Sicherheitshinweise. Folgen Sie den eventuellen Verboten und Einschränkungen, wie z. B. der Wartezeit bei essbaren Kulturen, den Abständen zu Oberflächengewässern bei Behandlungen (ein Mindestabstand von 1 m zu Gewässern muss in jedem Fall eingehalten werden). Anwenderschutz im Haus- und Kleingarten bedeutet z. B. auch das Tragen einer geeigneten Schutzkleidung. Festes Schuhwerk, den Körper bedeckende Kleidung und Handschuhe gehören dazu.

Bei der Verwendung von Pflanzenschutzmitteln sind nachteilige Einwirkungen auf Nachbargrundstücke zu vermeiden. Unerwünschte Abdrift kann die Umwelt stark belasten. Führen Sie daher Behandlungen nur bei Windstille in den Morgen- oder Abendstunden durch (nicht bei über 25 °C Außentemperatur behandeln). Ganz wichtig: Bringen Sie Herbizide nicht auf versiegelten Flächen (Beton, Kopfsteinpflaster etc.) aus, dort besteht Abschwemmungsgefahr in Gewässer!

Genauere Informationen geben in der Schweiz das Bundesamt für Umwelt BAFU, in Deutschland das Bundesministerium für Ernährung und Landwirtschaft und in Österreich die Landwirtschaftskammern und das Bundesministerium für Land- und Forstwirtschaft, Umwelt und Wasserwirtschaft.

* Gewohnheiten ändern

Die Sache mit dem „Un"kraut ...

Als „Unkraut" gelten Pflanzen, die der Mensch in Teilen seines Gartens als unerwünscht betrachtet. Dies kann unterschiedliche Gründe haben.
- Die **Ästhetik**: Blätter und Blüten sind unschön oder passen nicht zu den Kulturpflanzen im Garten.
- Die **Ausbreitungsfreudigkeit**: Samen, Wurzeln, unterirdische Sprossachsen oder Lianen nehmen gerne und schnell überhand.
- **Konkurrenz** oder **Risiken für Kulturpflanzen**: Besonders im Gemüse- oder Blumengarten entsteht eine Konkurrenz um Wasser, Licht, Nährstoffe oder es ergibt sich das Risiko einer Übertragung von Krankheiten oder Schädlingen.

Wenn sie sich ansiedeln und ausbreiten, dann profitieren viele dieser als unerwünscht geltenden Pflanzen von Umständen, die der Mensch ihnen beschert hat:
- Es gibt Freiräume zwischen Pflastersteinen am Terrassenboden oder zwischen Gartenpflanzen.
- Sie finden angehäufte oder festgetretene nährstoffarme Erde vor, die für anspruchsvolle Kulturpflanzen zu unwirtlich ist, auf der genügsamere Wildpflanzen aber gedeihen können. Oft handelt es sich dabei um Pionierpflanzen, also um Pflanzen, die vegetationsfreien Boden als Erste besiedeln. Sie tragen dazu bei, diesen zu verbessern, ihn mit Nährstoffen anzureichern und mit ihren kräftigen Wurzeln aufzulockern. Sie geben ihm Leben und Fruchtbarkeit zurück, sodass ihn später anspruchsvollere Pflanzen besiedeln können.

Andere Pflanzen hingegen breiten sich gerade in nährstoffreichen Böden besonders gerne aus. Brennnessel, Gewöhnliche Vogelmiere und Purpurrote Taubnessel etwa lieben stickstoffreiche Böden.

Zur richtigen Zeit am richtigen Ort – Maßnahmen abstimmen

An bestimmten Orten, zum Beispiel im Gemüsegarten oder bei Jungpflanzen, und unter bestimmten Umständen müssen unerwünschte Pflanzen vernichtet werden. Auf jeden Fall sollte man dabei mit Bedacht vorgehen und tolerant sein: Eine Pflanze ist in einem Teil des Gartens vielleicht ein „Unkraut", in einen anderen aber fügt sie sich perfekt ein. Ob eine Pflanze erwünscht ist oder nicht, hängt stark von Zeit und Ort ab.
Die Brennnessel zum Beispiel passt äußerst schlecht ins Schnittblumenbeet. Zwischen Sträuchern und höheren, mehrjährigen Pflanzen, unter einem Baum oder in einem Winkel des Gartens aber lässt sie sich durchaus ertragen. Eine Schwarze Flockenblume oder eine Wilde Margerite sind neben den mehrjährigen Pflanzen im Beet vor dem Haus vielleicht unvorteilhaft. Unter einem Baum oder in einem schmalen Streifen entlang der Hecke sind sie aber vielleicht genau am richtigen Platz.
Fragen Sie sich daher immer: Weshalb will ich diese oder jene Pflanze vernichten? Ist das wirklich notwendig? Ist es **immer** notwendig? Vielleicht ist es nicht wünschenswert, dass sich Wildpflanzen am Fuße eines frisch gepflanzten Baumes oder Strauches ansiedeln, da dies zu viel Konkurrenz bedeuten würde. Wenn ein Baum, ein Strauch aber einmal vier oder fünf Jahre alt und an seinem Ort etabliert ist, so kann man rundherum durchaus ein Bett aus Wildpflanzen gedeihen lassen.

Das Gegenteil von Unkraut jäten ...

Obwohl: Warum überhaupt ärgern wir uns? Viele Pflanzen, die spontan am Heckenrand oder unter Bäumen und Sträuchern wachsen, sind in ihrer Blütenpracht sehr ansehnlich: Flockenblume, Fingerhut,

Margerite, Malve, Wiesenkerbel, Ruprechtskraut, Braunwurz, Sternmiere und Rote Lichtnelke sind nur einige davon. Und – noch besser – diese Pflanzen tun unserem Garten sogar Gutes: Sie ziehen Nützlinge, Nektarsammler und Bestäuber an, ernähren sie und bieten ihnen Schutz.

Es genügt, ihr Wachstum zu kontrollieren, indem Sie die Pflanzen alle sechs bis zwölf Monate oder alle zwei Jahre (je nach Situation, Lust und Laune) auf eine Höhe von 10 cm zurechtschneiden. Verwenden Sie dafür ein Sichelmesser, einen Rasentrimmer, eine rückentragbare Motorsense oder – nahe am Baumstamm – eine Rasenschere.

Wildwuchsstreifen entlang von Hecken oder rund um Gehölz: Hier genügt es, am Rand einfach auf das Trimmen zu verzichten, um bald schon Wildpflanzen in allen Farben und Formen sprießen zu sehen. Solche Wildwuchsstreifen, eine Art schmale, langgestreckte Blumenwiese, bieten einen wertvollen Rückzugsbereich für Vögel, die sich gerne in Bodennähe einnisten (Rotkehlchen, Zaunkönig etc.), für Igel, Spitzmäuse und Amphibien.

Kleine Wiesen am Fuße von Bäumen: Eine andere Möglichkeit ist es, Bodendecker anzupflanzen (siehe S. 77) oder schlicht und einfach das Gras wachsen zu lassen. Sorgen Sie für eine schöne Optik, indem Sie der Wildwuchsfläche eine geometrische Form geben, sie zum Beispiel zu einem Kreis oder Quadrat machen. In ihrer Blütezeit ist eine solche kleine Blumenwiese sehr hübsch anzusehen. Direkt am Baumstamm finden Sie dann wahrscheinlich Laufkäfer, Kurzflügler, Molche, Kröten und Spitzmäuse – ein Naturschutzgebiet im Kleinformat! Für Ihren Garten ist diese Vielfalt sehr nützlich, Sie ersparen sich die lästigen Mühen des Unkrautjätens. Das Gras wird alle ein bis zwei Jahre (siehe oben) auf 10 cm Höhe getrimmt.

Das Ruprechtskraut ist eine sehr hübsche Wildpflanze, die schattige Raine liebt.

Lassen Sie am Fuße des Baumes das Gras wachsen – so wird das Rasenmähen einfacher und Sie beugen Verletzungen am Stamm vor.

Unkrautvernichtung vor der ersten Bepflanzung

Wie befreien wir einen Ort von Wildwuchs, um ihn kultivierbar zu machen? Wie bereiten wir eine Bodenfläche vor, wenn darauf ein Baum oder Strauch gepflanzt, ein Gemüsegarten angelegt werden oder eine Rasenfläche entstehen soll? Hierfür gibt es unterschiedliche Techniken. Sie sind alle nicht schwierig, jedoch ist es wichtig, sich die Vorgehensweise schon einige Wochen im Voraus zu überlegen.
- Die Fläche mit Kartons und Pflanzenabfällen abdecken (hier „Schichtentechnik"): Diese Methode ermöglicht es Ihnen, einerseits das Gras auszurotten und andererseits das Leben im Boden anzuregen und diesen mit Humus zu versorgen.
- Die Fläche über mehrere Monate mit Plastikplanen bedecken: So wird nur das Gras vernichtet.
- Ein „Falsches Saatbett" anlegen: Mit dieser Methode können an der Oberfläche befindliche Samen zerstört werden.

* Die Schichtentechnik

Diese Drei-in-eins-Technik, bei der abwechselnd Grünabfälle und Karton aufgeschichtet werden, bringt mehrere Vorteile:
- Das Gras stirbt unter der Abdeckung ab und muss nicht ausgerissen werden.
- Der Boden wird belebt und mit Nährstoffen versorgt, die Erde mit Humus angereichert.
- Regenwürmer und andere Bodeninsekten bearbeiten die Erde.

Die Schichtentechnik ist eine sanfte Methode – sie spart dem Gärtner Zeit, Kraft und Geld.

Wann beginnen?

Sie sollten vier bis sechs Monate vor der Bepflanzung beginnen, wenn möglich noch früher. Für eine Bebauung des Bodens im Oktober/November etwa sollte der Start im April/Mai erfolgen. Für das Anlegen eines Gemüsegartens oder Rasens im März/April, beginnen Sie mit dem Jäten im September/Oktober.

Vorgehensweise

1 Mähen Sie den gesamten Bewuchs auf der zu jätenden Fläche zunächst mit einem Rasenmäher (oder einer Motorsense) möglichst kurz ab. Wenn auch Samenpflanzen darunter sind (Ampfer, Greiskraut, Distel, Wiesen-Bärenklau etc.), schneiden Sie diese vorsichtig ab und entfernen Sie sie.

2 Verteilen Sie auf der Fläche Kompost (2 bis 3 kg/m^3). So werden die Mikroorganismen im Boden mit Nährstoffen versorgt und Humus wird gebildet.

3 Bilden Sie darüber eine Schicht (mind. 2 bis 3, wenn möglich 10 cm) mit Grünabfällen aus dem Garten (Schnittgut, Laub, Reisighäcksel etc.). Diese Masse, die genauso schnell zersetzt wird wie das geschnittene und zerkleinerte Gras, versorgt die gesamte Nahrungskette im Boden mit Nährstoffen – darunter auch die Regenwürmer, die den festen Boden nach und nach in körnige, gut dränierte, humusreiche Erde verwandeln. Je mehr nährstoffreiches Pflanzenmaterial die Würmer fressen, desto besser bearbeiten sie den Boden, zerteilen ihn und lockern ihn auf – und desto weniger haben Sie zu tun!

4 Damit Unkraut, das es zu vernichten gilt, in diesem nährstoffreichen Boden nicht wieder aufkeimt, bedecken Sie die Fläche noch mit Kartons oder, falls nicht anders möglich, einer Plastikplane. Die Kanten sollten einander überlagern, sodass keine unbedeckten Zwischenräume entstehen. Um die Fläche

Schritt für Schritt

ansehnlicher zu machen, decken Sie den Karton mit einer weiteren Schicht Pflanzenabfälle (Blätter, Schnittgut etc.) ab.
In feuchten Jahren werden die Kartons auch ohne direkten Bodenkontakt sehr rasch zersetzt, oft noch vor dem darunterliegenden Gras.

Legen Sie in einem solchen Fall noch einmal eine Kartonschicht auf die Fläche und bedecken Sie diese mit Gartenabfällen.

Arbeit, die sich ganz von allein macht …

Die Lebewesen in der Erde produzieren Humus und mischen diesen mit Tonerde und Schlamm, sodass eine Masse von körniger, geschmeidiger Struktur entsteht, die sich einfach bearbeiten lässt. Der Karton erstickt währenddessen unerwünschte Pflanzen und verhindert ihr Wiederaufkeimen, indem er das Sonnenlicht von ihnen fernhält. Sie werden dadurch immer schwächer, bis sie irgendwann sterben und selbst zersetzt werden.
Sind viele Pflanzen mit stark ausgeprägten Wurzeln (Winde, Distel, Quecke, Sauerklee) vorhanden, so verwenden Sie besser eine schwarze Plane – eine solche ist widerstandsfähiger als Karton.

Und dann?

Wenn Sie den Eindruck haben, dass alle unerwünschten Gräser zerstört sind und auch nicht wieder aufkeimen, und die Erde Ihnen weicher scheint als zuvor, dann entfernen Sie noch nicht zersetzte Reste von Karton und Grünabfällen. Vergraben Sie diese nicht unter der Erde, sondern entsorgen Sie sie auf dem Komposthaufen. Beginnen Sie die Erde dann mit der Grabegabel zu bearbeiten. Achten Sie dabei darauf, sie nicht umzudrehen, sondern nur aufzulockern. Zerbröckeln Sie sie, indem Sie sanft daraufklopfen, und entfernen Sie eventuell noch nicht zersetzte Wurzelstücke. Um die Regenwürmer nicht zu töten oder zu verletzen, legen Sie diese gemeinsam mit ein wenig Erde in einen Eimer.

Unter einer Decke aus nährstoffreichen Grünabfällen und Karton verschwinden unerwünschte Pflanzen und die Erde wird weicher, …

… denn fleißige Regenwürmer und Mikroorganismen im Boden eilen dem Gärtner zu Hilfe.

Windengewächse können sehr hartnäckig sein. Die Abdeckung des Bodens kann ihre Ausbreitung verhindern.

Nach einjähriger Abdeckung ist dieser Boden von mehrjährigen Pflanzen befreit.

Sollten Sie noch nicht die gesamte freigewordene Fläche benötigen, so lassen Sie diese keinesfalls brachliegen, sondern pflanzen Sie einen Gründünger (siehe S. 108).

✻ Die Abdecktechnik

Haben sich auf einem Boden viele mehrjährige Pflanzen wie Quecke, Winde, Sauerklee, Scharbockskraut oder Distel angesiedelt, dann müssen andere Methoden zum Einsatz kommen. Die Schichtentechnik reicht dann nicht aus, um die unerwünschten Pflanzen zu vernichten.

Eine Möglichkeit ist es, die Bodenfläche mit einer lichtdichten, luftdurchlässigen Plane vollständig abzudecken. Diese Methode bringt nicht immer Erfolg, kann aber, richtig angewendet, eine Lösung sein. Wichtigste Bedingung: Sie braucht Zeit – mindestens ein, idealerweise zwei Jahre.

Die Dunkelheit und der Temperaturanstieg unterhalb der Plane schwächen die Pflanzen zunehmend und verhindern ihr Wiederaufkeimen. Beachten Sie allerdings: Die Plane darf kein Loch aufweisen. Denn Pflanzen wie Windengewächse machen jede undichte Stelle ausfindig und bahnen sich ihren Weg nach draußen.

Bilden Sie, wenn möglich, auf dem Boden genauso wie bei der Schichtentechnik vorher eine Lage Kompost und organische Abfälle, um diesen mit Nährstoffen zu versorgen. Wollen Sie in Ihrem Gemüsegarten auf diese Weise Unkraut vernichten, ihn währenddessen aber weiter bebauen, dann teilen

Sauerklee

Sie ihn einfach in zwei (zwei oder vier Jahre) oder drei (drei oder sechs Jahre) Abschnitte.
Wenn Sie den Boden dann bearbeiten und bepflanzen, vergessen Sie nicht, eventuell wiederaufkeimende Winden- oder Sauerkleegewächse sofort auszureißen.

* Das Falsche Saatbett – wirksam vorbeugen

Ein Falsches Saatbett anzulegen, ist eine sehr alte und effektive Maßnahme, das Wachstum unerwünschter Pflanzen zu kontrollieren. Bei dieser Technik wird die Erde schon drei bis vier Wochen vor der eigentlichen Aussaat oder Anpflanzung von Rasen, Blumen oder Gemüse bearbeitet – sobald sie warm genug ist, um ein Aufkeimen zu ermöglichen. Soll der Boden also etwa Mitte April kultiviert werden, so wird das Falsche Saatbett schon Mitte März angelegt.
Bereiten Sie den Boden dafür vor wie vor der Saat oder Bepflanzung: Zerkrümeln Sie die Erde, ebnen Sie sie mit Hilfe eines Krails (Gartenhacke mit mehreren rechtwinkelig abgeknickten Zinken) ab und bewässern Sie sie, falls zu trocken. In den oberen Bodenschichten (4 bis 5 cm) liegende Unkrautsamen keimen nun massiv auf, die Wurzeln mehrjähriger Pflanzen treiben neu aus.
Eine Woche nach dem Aufkeimen jäten Sie die Pflänzchen mit einer gut geschliffenen Jäthacke. Achten Sie dabei darauf, diese in Bodenhöhe abzuschneiden und nicht unter der Erde. Mit dem Keimling verbundene Wurzelfragmente könnten sonst nämlich neue Wurzeln ausbilden. Außerdem könnten so tiefer unter der Erde liegende Samen näher an die Oberfläche geholt werden und der abgeschnittene Keimling würde einen Ersatztrieb bilden.
Für optimales Gelingen jäten Sie am frühen Nachmittag an einem sonnigen Tag. So trocknen die abgeschnittenen Pflanzen in den Nachmittagsstunden aus.
Bearbeiten Sie die Erde am nächsten Tag noch einmal sehr oberflächlich (3 cm) mit der Gartenhacke: Entfernen Sie die Wurzeln, flachen Sie die Erde ab, zerkrümeln Sie sie, falls nötig. Danach können Sie mit der Saat oder Bepflanzung beginnen.

Unerwünschte Pflanzen, die dem Falschen Saatbett entsprungen sind, werden gejätet.

Das Falsche Saatbett wissenschaftlich erforscht

Im Jahr 2011 untersuchte die französische Landwirtschaftskammer die Methode des Falschen Saatbetts in einer Studie an elf Gemüsebetrieben in der Region Bretagne. Die Ergebnisse: Der Unkrautbefall ging nach der ersten Anwendung um 40 % zurück. Nach zwei Durchgängen lag der Rückgang bei 56 %, nach dem dritten (im selben Jahr) wurde ein Minus von 71 % verzeichnet. Bei Biokarotten, bei denen von Hand gejätet werden muss, konnte der Zeitaufwand für die Unkrautvernichtung um die Hälfte reduziert werden.

Variante: Kurzzeitiges Abdecken

Bedecken Sie den Boden, nachdem Sie ihn vorbearbeitet haben, mit einer undurchsichtigen Plastikfolie. In dem darunter entstehenden feuchten und warmen Klima sprießen die unerwünschten Pflanzen aus dem Boden, gehen durch den Lichtmangel jedoch alsbald zugrunde und werden zersetzt. Wissenschaftliche Versuche haben gezeigt, dass die Folie mindestens vier (bei Anwendung von Mai bis September) bzw. acht Wochen (Februar bis März) lang liegen muss, damit die gewünschten Erfolge erzielt werden. Bei dieser Methode ist vorausschauendes Handeln gefragt.

Gänsedistel in Blüte

Einjährige, zweijährige und mehrjährige Pflanzen

Um das Wachstum unerwünschter Pflanzen zu kontrollieren, müssen wir deren Lebenszyklus kennen. Nur wenn wir sie in ihrer Unterschiedlichkeit begreifen, können wir die richtige Methode wählen.

* Ein- und zweijährige Pflanzen

Vegetationszyklus

Ein- und zweijährige Pflanzen sind von kurzer Lebensdauer.

- **Einjährige Pflanzen** keimen im Frühling, bilden Blüten aus und produzieren Samen und sterben im Spätfrühling oder Sommer.

Beispiele: Gewöhnliche Vogelmiere, Purpurrote Taubnessel, Gewöhnliches Greiskraut, Gänsedistel, Persischer Ehrenpreis, Weißer Gänsefuß, Einjähriges Bingelkraut, Vogelknöterich, Windengewächse, Amarant, Einjähriges Rispengras, Geruchlose Kamille – also ein Großteil der Pflanzen, die wir gemeinhin als „Unkraut" bezeichnen. Sehr oft handelt es sich um sogenannte Adventivpflanzen, Pflanzen, die aus anderen Gegenden der Welt zu uns gekommen sind.

- **Zweijährige Pflanzen** keimen im Spätsommer und bleiben den Winter über als kleine Blattbüschel bestehen. Sie blühen im darauffolgenden Frühling und sterben im Sommer, kurz nachdem sie Samen ausgebildet haben.

Maßnahmen

- **Vorbeugen:** Durch Mulchen kann hervorragend vorgebeugt werden.
- **Bekämpfen:** Um ein- und zweijährige Pflanzen zu eliminieren, genügt es, sie in Bodenhöhe abzuschneiden (Jäten) oder auszureißen, da ihre Wurzeln allein keine neuen Triebe hervorbringen. Ihre Samen allerdings können im Boden lange Zeit überleben – es ist also wichtig, die Pflanzen vor ihrer Blüte zu jäten. Über einige Jahre hinweg regelmäßig ein Falsches Saatbett anzulegen (siehe S. 18), wird den Anteil der Pflanzensamen im Boden erheblich senken. Die thermische Unkrautbekämpfung ist bei ein- und zweijährigen Pflanzen ebenfalls eine wirksame Methode.

* Mehrjährige Pflanzen

Vegetationszyklus

Diese Pflanzen überleben mehrere Vegetationsperioden. Sie überstehen den Winter, wenn auch nur unter der Erde oder ganz nah am Boden und mit wenigen Blättern oder kaum erkennbaren Knospen. Werden sie abgeschnitten, so bilden sie bald neues Blattwerk aus, ausgehend von den erhalten gebliebenen Organen: Wurzeln oder Rhizome, unterirdische Sprossachsen, Zwiebeln, Ausläufer, Wurzelsprossen oder Wurzelknollen. Mehrjährige Pflanzen sind auf natürliche Art schwierig zu bekämpfen.

Beispiele: Gemeine Schafgarbe, Braunelle, Winde, Quecke, Acker-Kratzdistel, Rotfrüchtige Zaunrübe, Bittersüßer Nachtschatten, Sauerklee, Löwenzahn, Schachtelhalm, Kriechender Hahnenfuß, Ampfer, Gemeine Schmerzwurz, Klee, Wicke.

Maßnahmen

- **Vorbeugen:** Reißen Sie die jungen Pflänzchen aus, sobald sie auftauchen. Mulchen Sie den Boden regelmäßig. Verzichten Sie auf den Einsatz von rotierenden Gartengeräten, die die unterirdischen Organe der Pflanzen zerkleinern und so für Vermehrung sorgen.
- **Bekämpfen:** Die Pflanze muss mit all ihren unterirdischen Organen ausgerissen werden – eine schwierige Aufgabe, besonders bei Pflanzen wie Windengewächsen, Acker-Kratzdistel oder Gemeinem Schmerzwurz.

Versuchen Sie auch die Gründe für das Auftreten bestimmter Pflanzen zu verstehen und dort anzusetzen. Enthält der Boden nicht genügend Stickstoff, ist er zu dicht, zu feucht oder zu sauer? (Siehe S. 46)

Gewöhnliches Greiskraut (einjährig)

Gewöhnliche Kratzdistel (zweijährig)

Löwenzahn (mehrjährig)

Unkraut-bekämpfung rund ums Haus

- Mittel zur Bekämpfung
- Mittel zur Vorbeugung

Mittel zur Bekämpfung

Eine der wichtigsten Ursachen für die Pestizidbelastung in der Stadt und am Land ist die Unkrautvernichtung auf nicht bebauten und undurchlässigen Böden: in der Garageneinfahrt, auf der Terrasse oder entlang von Mauern oder Zäunen.

Bestehendes Unkraut zu vernichten gestaltet sich nicht immer einfach. Es ist daher umso wichtiger, so früh wie möglich vorzubeugen, idealerweise schon bei der Gestaltung des Außenraumes.

* Unkrautvernichtung mit Kochwasser

Diese Methode ist sicherlich die einfachste, effektivste, sparsamste und umweltfreundlichste Form der Unkrautbekämpfung. Sie besteht darin, Kochwasser, etwa von Gemüse (Artischocken, Spinat, Grüne Bohnen, Kartoffeln etc.), Meeresfrüchten (Krabben etc.) oder Pasta, anstatt es in den Abfluss zu schütten, ganz einfach über den Boden zu gießen. Schon meine Urgroßmutter pflegte so Pflanzen zu beseitigen, die sich unerwünschter Weise in ihrem Hof breitgemacht hatten – ich selbst wende diese Methode seit 20 Jahren an. Im Winter und im Frühling benutze ich auch Wasser, das ich zuvor in einem Kessel am Holzofen erhitze.

Vorgehensweise

Wird sehr heißes Wasser (mindestens 70 °C) über die Blätter einer Pflanze geschüttet, dann wirkt es auf diese zerstörend. Die Beigabe von Salz bringt keinen positiven Mehreffekt, kann allerdings der Vegetation im Umfeld schaden.

Anwendungsbereiche

Die Kochwassermethode eignet sich sehr gut für Pflaster-, Kies- oder Fliesenböden oder für Gartenwege aus fester Erde oder verdichtetem Sand (allerdings nicht auf den bebauten Abschnitten).
Kochwasser von Gemüse kann auf kleinen Flächen angewendet werden, die von der Küche aus einfach zu erreichen sind.
Für größere Flächen bringen Sie 10 l Wasser in einem großen Topf oder Wassererhitzer zum Kochen, füllen Sie es vorsichtig in eine verzinkte Gießkanne mit Metallkopf und gießen Sie es über die Bodenoberfläche. Eine 10-l-Kanne reicht für 10 bis 20 m².

Wirksamkeit

Am effektivsten ist diese Methode, wenn sie regelmäßig (je nach Situation drei- bis fünfmal pro Jahr) an jungen Pflanzen angewendet wird. Bei zu später Anwendung an bereits etablierten Pflanzen ist die Wirkkraft geringer.
Gegen ein- und zweijährige sowie gegen mehrjährige Pflanzen im Anfangsstadium kann mit Kochwasser sehr effizient vorgegangen werden. Bei mehrjährigen Pflanzen mit unterirdischen Speicherorganen liegt der Erfolg bei null (siehe S. 20). Allerdings schaffe ich es, den Löwenzahn zu vernichten, indem ich das Kochwasser eine Zeit lang der Länge nach über die Hauptwurzel fließen lasse.
In sehr warmen Wintern empfiehlt es sich, die Methode während der Wintermonate anzuwenden, um so gegen die ersten einjährigen Pflanzen vorzugehen.

Einfach und wirksam: Unkrautvernichtung mit Kochwasser

Für größere Flächen verwenden Sie eine verzinkte Gießkanne mit Metallkopf.

Pflanze kurz nach der „Kochwasserdusche"

* Thermische Unkrautvernichtung mit offener Flamme

Vorgehensweise

Die Flamme muss eine Temperatur von mindestens 1000 °C haben, damit eine Wirkung erzielt werden kann. Durch den Hitzeschock gerinnt das Eiweiß in den Pflanzenzellen, wodurch diese platzen, jedoch nicht verbrennen. Diese Methode ist besonders am Morgen sehr wirkungsvoll, wenn der Tau auf den Blättern liegt – Wasser ist ein sehr guter Wärmeleiter. Aus praktischen Gründen empfiehlt sich der Einsatz von Abflammgeräten mit wiederverwendbarer Gasflasche (mind. 5 kg Fassungsvermögen) auf fahrbarem Untersatz mit großen Rädern. Modelle mit tragbarer Gasflasche sind schwieriger zu handhaben. Vermeiden Sie den Einsatz von Einweggasflaschen – diese sind sehr teuer, wenig effizient und erzeugen zu viel Abfall.

Anwendungsbereiche

Diese Form der thermischen Unkrautbekämpfung eignet sich gut für große, gestreute Gartenflächen, lange Gartenwege, bäuerliche Innenhöfe oder große gepflasterte Terrassenflächen – Flächen, für die die Unkrautbekämpfung mit Kochwasser zu aufwendig wäre.

Wirksamkeit

Diese Methode weist eher geringe Erfolge auf, da in feuchten Jahren bei hoher Vermehrung über acht Durchgänge erfolgen müssen. Außerdem wird bei jeder Anwendung der Boden erwärmt, wodurch wiederum ruhende Unkrautsamen zur Keimung angeregt werden. Die Methode ist kostenintensiver als andere, die Umweltbilanz ist schlechter (Verbrauch von fossilen Brennstoffen, CO_2-Emissionen, Brandrisiko).

Die thermische Unkrautbekämpfung mit offener Flamme eignet sich nur für große Flächen.

* Elektrische Unkrautvernichtung

Vorgehensweise

Das rechts abgebildete Modell der Marke Berthoud enthält einen elektrischen Heizwiderstand (1300 W), der sich innerhalb weniger Sekunden auf 600 °C aufheizt. Sie müssen das Gerät nur drei Sekunden lang auf die Pflanze halten und der Hitzeschock lässt die Pflanzenzellen platzen. Der elektrische Unkrautbrenner ist praktischer zu handhaben als ein Abflammgerät mit Gas, wenn auch das Kabel etwas kurz ist.

Anwendungsbereich

Da der Heizwiderstand nur wenige Quadratzentimeter groß ist und die Vernichtung jeder einzelnen Pflanze einige Sekunden benötigt, ist diese Methode für eine rasche, großflächige Unkrautvernichtung nicht geeignet. Die Anwendbarkeit beschränkt sich also wie auch bei der Kochwassermethode auf kleine Flächen rund ums Haus.

Wirksamkeit

Ein- und zweijährige sowie auch mehrjährige Pflanzen, die keine unterirdischen Speicherorgane besitzen, lassen sich elektrisch sehr gut bekämpfen. Sehr wirksam ist diese Methode auch gegen junge Brombeerpflanzen, die sich in steinigen Oberflächen festgewachsen haben. Tiefe, fleischige Wurzeln, etwa von Löwenzahn oder Distel, können so allerdings nicht beseitigt werden.

* Unkrautvernichtung mit dem Hochdruckreiniger

Gegen Moos- und Flechtenbefall auf Terrassen kann sehr effektiv mit dem Hochdruckreiniger (Marke Kärcher) vorgegangen werden. Gleichzeitig können so die Zwischenräume zwischen Pflastersteinen von Erde befreit werden.

Elektrische Unkrautbekämpfung – effektiv, aber langsam!

Pflanze nach der Behandlung mit dem elektrischen Unkrautbrenner

* „Natürliche" Präparate aus dem Handel

„Natürliche" Unkrautvernichtungsmittel sind selten „Bio", denn in der biologischen Landwirtschaft dürfen sie zum Teil gar nicht eingesetzt werden. Die Produkte bleiben nicht lange im Boden, sondern werden rasch zersetzt. Damit das Grundwasser durch sie nicht verunreinigt wird, müssen die gesetzlichen Bestimmungen eingehalten werden.

Vorgehensweise

Manche dieser Produkte basieren auf 10%iger Essigsäure, also weißem Essig. Andere enthalten Pelargonsäure, auch Nonansäure genannt. Es handelt sich dabei um den Extrakt aus der tropischen Geranie, der allerdings meist im Labor synthetisch hergestellt wird.

Diese auf natürlicher Basis hergestellten Produkte sind Entlaubungsmittel, sie zerstören also die an der Oberfläche liegenden Teile der Pflanze. In die Wurzeln dringen sie nicht ein.

Manche Hersteller setzen neben Pelargonsäure auch Maleinsäurehydrazid, eine chemische Substanz, die die Zellteilung in den Wurzeln hemmt, und andere Stoffe zu.

Anwendungsbereich

Diese Produkte eignen sich für „harte", nicht bebaute Böden. Auf bebauten Flächen sollten sie nicht angewendet werden, da sie den Boden zu sauer machen – hier sollten eher andere Methoden, etwa das Mulchen, zum Einsatz kommen.

Wirksamkeit

Sehr wirksam kann mit „natürlichen" Vernichtungsmitteln gegen einjährige und junge zweijährige Pflanzen vorgegangen werden, die sich ohne Blattwerk nicht mehr vermehren. Gegen mehrjährige, gut etablierte Pflanzen sind die Produkte wirkungslos. Zugesetztes Maleinsäurehydrazid verbessert die Wirkkraft – zur Vernichtung mancher mehrjähriger Pflanzen sind jedoch drei Anwendungen nötig.

Einfach gesagt, bringt die Anwendung solcher Präparate keine besseren Resultate als die Pflanzenvernichtung durch Übergießen mit Kochwasser, Ausreißen oder Jäten mittels Hacke. Außerdem sind die Produkte nicht harmlos: Sie reizen Augen und Haut (auch die Nasenschleimhaut). Bis behandelte Flächen wieder betreten werden können, dauert es in der Regel 24 Stunden.

Grobes Salz und pure Brennnesseljauche

Die Verwendung von Salz als Unkrautvernichtungsmittel ist gesetzlich reglementiert. Zu Recht, denn es schadet der Umwelt: Auf viele Pflanzen, die sich am Rande behandelter Flächen befinden, wirkt es giftig, Boden, Oberflächen- und Grundwasser werden dadurch verunreinigt. Als Herbizid sollte Salz daher nicht angewendet werden. Mit der sehr stickstoffreichen puren Brennnesseljauche verhält es sich ähnlich: Im großen Maßstab angewendet verunreinigt sie durch ihren hohen Nitratgehalt den Boden sowie Oberflächen- und Grundgewässer. Gemüse, das auf behandelten Böden gedeiht, weist in der Folge ebenfalls sehr hohe Nitratwerte auf, was wiederum der menschlichen Gesundheit schadet.

„Natürliche" Entlaubungsmittel vernichten nur die äußeren Teile der Pflanze.

* Unkrautvernichtung von Hand

Zur Pflanzenvernichtung auf harten Oberflächen hält der Handel viele Instrumente bereit. Ihre Effizienz hängt davon ab, wie regelmäßig sie – ganz besonders an jungen Pflanzen – zum Einsatz kommen. Die Unkrautvernichtung von Hand gestaltet sich oft mühsam – ist aber immer eine gute Fitnessübung!

Besen

Häufig ist es hilfreich, Pflaster- und Fliesenböden oder Randsteine ganz einfach zu fegen. So verhindern Sie, dass Erde sich in den Fugen ansammelt und unerwünschten Pflänzchen einen Boden zum Gedeihen bietet.

Unkrautmesser

Mit der scharfen Seite des Unkrautmessers lassen sich in Fugen oder entlang von Mauern wachsende Pflanzen wegschneiden. Die abgerundete Seite dient dazu, Wurzelwerk und verkrustete Erde aus den Zwischenräumen zu kratzen. Richtig verwendet, ist das Unkrautmesser ein sehr einfaches und effizientes Mittel, besonders dann, wenn ergänzend mit Kochwasser gearbeitet wird. Es ist sehr sinnvoll, nach der Anwendung Sand in die Zwischenräume zu streuen, um Erde und Wurzeln damit zu ersetzen.

Fugenkratzer

Mit der Spitze dieses sehr handlichen und stabilen dreieckigen Fugenkratzers (Modell am Foto rechts: Duopro Fiskars Leborgne) lassen sich Erde oder Moose und andere Pflanzen, die entlang von Randsteinen oder Mauern oder zwischen Pflastersteinen oder Fliesen hervorsprießen, sehr gut ausschneiden oder -kratzen. Seine flache Rückseite ermöglicht es, das Gerät auf größeren Flächen als Hacke zu benutzen.

Jäthacke

Mit der Jäthacke (hier: Pendelhacke) kann besonders gut auf Kiesböden gegen junge Pflanzen vorgegangen werden. Arbeiten Sie damit jedoch regelmäßig und immer mit gut geschliffener Klinge.

Unkrautmesser

Fugenkratzer

Jäthacke auf Kiesboden

Mittel zur Vorbeugung

Die beste Methode, unerwünschten Pflanzen Einhalt zu gebieten, ist, ihnen rechtzeitig vorzubeugen. Ich stelle Ihnen hier einige Möglichkeiten vor, Flächen rund um Haus und Garten so zu gestalten, dass Unkraut erst gar nicht oder nur schwer entstehen kann.

* Unterlage aus Geotextil

Beugen Sie der Entstehung unerwünschter Pflanzen vor, indem Sie unterhalb von Kiesböden oder unterhalb des Sandes bei Pflasterböden ein Unkrautvlies (nicht verwebtes Material aus synthetisch hergestellten Fasern) einziehen.
Eine solche Unterlage ist wasserdurchlässig, hemmt aber gleichzeitig auf zweierlei Weise den Unkrautwuchs:
- Erde von unterhalb kann von Regenwürmern nicht an die Oberfläche getragen werden. Unerwünschte Pflanzen bekommen so keinen Nährboden.
- Oberhalb des Vliesteppichs keimende Pflanzen können keine Wurzeln schlagen.

Je nach Qualität hält die Schutzwirkung bei Geotextilvlies zehn oder mehr Jahre an. Bei Kiesböden muss allerdings darauf geachtet werden, dass die Kiesschicht dick genug ist (mind. 5 cm).

* Gartengänge begrünen

Verhindern Sie den Wuchs von unerwünschten Pflanzen, indem Sie auf Gartenwegen Rasen pflanzen. Wählen Sie dazu eine trittsichere Rasenart, zum Beispiel einen Sport- und Spielrasen. Belassen Sie ihn stets auf einer Höhe von mindestens 5 cm, damit er eine gute Gründecke bildet und gegen unerwünschte Pflanzen ausreichend Schutz bietet (siehe S. 41). Die Begrünung ist eine Methode der Unkrautbekämpfung, die zugleich nachhaltig und optisch attraktiv ist. Geschnittenes Gras kann als Mulch im Garten verwendet werden.
Der Rasen muss allerdings regelmäßig geschnitten und die Ränder müssen gepflegt werden, damit die Wege frei und sauber bleiben. Wenn die Fläche nicht allzu groß ist (weniger als 150 m²), verwenden Sie einen handbetriebenen Spindelmäher.
Die Begrünung kann auch spontan erfolgen – oft ist dies die beste Lösung, um einen Kiesweg in einen schönen grünen Teppich zu verwandeln. In diesem Fall können zwar eventuell Wildpflanzen auftreten, regelmäßiges Rasenmähen allerdings verhindert, dass diese Samen produzieren und sich im Garten verbreiten.

Unkrautvlies – ein ausgezeichnetes Mittel, um Wildwuchs vorzubeugen.

Begrünung in der Mitte eines fahrbaren Weges – ein Schutz gegen Unkraut

Perfekt angelegte Garageneinfahrt – Unkrautbekämpfung durch Begrünung

Rasendecke rund um den Gemüsegarten

Wunderschön gemulchter Gartenweg

* Gartengänge mulchen

Gartengänge können vor Wildwuchs geschützt werden, indem sie mit einer Mischung aus Holzhäckseln, Schnittgut von Nadelbäumen (Thuje, Zypresse etc.) und Kiefernrinde gemulcht werden. Legen Sie die Fläche vor dem Mulchen mit Unkrautvlies aus (siehe S. 30). Trennen Sie den Gang vom Gartenbereich ab, indem Sie an den Rändern Holzplatten mit einer Höhe von etwa 10 cm anbringen. Verwenden Sie dafür fäulnisbeständiges Holz, zum Beispiel Kastanienholz.

* Zwischenräume begrünen

Unerwünschte Pflanzen sprießen gerne aus den Fugen zwischen Pflastersteinen oder Bodenplatten hervor, ob auf der Terrasse, im Hauseingang oder im Hof – das sieht selten gut aus! Kommen Sie ihnen zuvor: Setzen Sie die Pflastersteine oder Bodenplatten mit

Holzplatten trennen den Gang hervorragend vom Beet ab.

Bodenplatten mit begrünten Zwischenräumen

einigen Zentimetern Abstand aneinander und säen Sie in den Zwischenräumen einen trittfesten Rasen. Das Gras kann mit dem Rasenmäher oder einem elektrisch betriebenen Rasentrimmer gekürzt werden.

* Blühende Pflanzen an Mauerrändern

Wenn Sie verhindern wollen, dass unwillkommene Pflanzen sich breitmachen, dann lassen Sie doch einfach willkommene Pflanzen den Platz besetzen! Diese Strategie funktioniert vor allem entlang von Haus- oder Gartenmauern und am Gehsteigrand sehr gut. Säen Sie eine Mischung aus blühenden Pflanzen – besonders gut eignen sich etwa Goldmohn, Jungfer im Grünen, Kornblume, Ringelblume oder Baldrian. In Gärtnereien finden Sie Fertigmischungen für den Sofortgebrauch.

* Undurchlässige Fugen oder fugenloser Bodenbelag

Die wirksamste Methode, Unkraut über Jahre garantiert fernzuhalten, ist es, sprichwörtlich dichtzumachen: Pflastersteine und Bodenplatten werden mit Mörtel verfugt, Gartenwege oder Alleen asphaltiert oder betoniert, auf der Terrasse Waschbeton- oder Polygonalplatten verlegt.
Diese Materialien sind dicht, ein Einsickern von Wasser in den Boden wird also verhindert. Aus ökologischer (und preislicher) Sicht allerdings wären durchlässige Materialien zu bevorzugen. Gegossene Bodenbeläge wie Asphalt oder Beton sind außerdem schon in ihrer Produktion umweltschädlich – sie weisen eine wesentlich schlechtere Umweltbilanz auf als andere Lösungen zur Kontrolle des Pflanzenwachstums.

Spornblume und Mauerpfeffer besetzen den Spalt am Fuße einer Gartenmauer.

Das Mexikanische Berufkraut gedeiht an einer Hausmauer – und weniger erwünschte Pflanzen bleiben fern.

Unkrautbekämpfung im Rasen

Ein Mix aus bunten Wildpflanzen

Ein Rasen setzt sich aus unterschiedlichen Pflanzen zusammen: Zu Beginn sind es die Gräser aus der Saatgutmischung, die Sie – je nach gewünschter Funktion des Rasens – ausgewählt haben. Mit den Jahren allerdings werden sich nach und nach auch andere Pflanzen ansiedeln, üblicherweise in Bodennähe und bedeckt vom Gras. Die meisten dieser Neuankömmlinge sind hübsch und nehmen kaum überhand, etwa Veilchen, Primel, Kriechender Günsel, Scharbockskraut, Niederliegendes Johanniskraut oder Gundermann. Am besten ist es, diese spontanen Gäste ganz einfach zu akzeptieren, denn solange der Boden in Ordnung ist und der Rasen die Erde gut bedeckt, werden sie keine weiteren Probleme bereiten. Die Rasengräser dominieren, ihr „Wettbewerb" mit den Wildpflanzen bringt viele Vorteile: Einen blühenden, beständigen und kostenlosen – denn Saatgutmischungen für Blumenrasen kosten Geld – bunten Rasen, der zur Erhaltung der Artenvielfalt beiträgt und vielen nützlichen Insekten einen Lebensraum bietet.

Wenn sich die Bodenbedingungen für die Rasengräser allerdings verschlechtern (Bodenverdichtung, Staunässe, Stickstoffmangel, Humusmangel, Übersäuerung etc.), dann kann es passieren, dass manche Wildpflanzen von der Situation profitieren und sich ausbreiten – und zwar auf Kosten der Rasengräser, die sich daraufhin zurückziehen. Auftreten können hier etwa Kriechender Hahnenfuß oder Kriechendes Fingerkraut, Weißklee, Ampfer oder Löwenzahn. Diese Pflanzen zu bekämpfen ist eine mühsame Aufgabe. Es ist daher umso wichtiger, rechtzeitig vorzubeugen, sodass sie gar keinen Grund haben, aufzutauchen.

Wiesenblumen – ein Lebensraum für Schmetterlinge und andere nützliche Insekten

Reich an Blütenstaub und Nektar, bieten Wildblumen blütenbesuchenden Insekten eine wichtige Nahrungsgrundlage, ganz besonders Bestäuberinsekten und anderen Nützlingen. Die meisten von ihnen blühen schon früh im Jahr, manche gar schon Ende Februar und im März (Löwenzahn, Gänseblümchen, Purpurrote Taubnessel, Scharbockskraut, Veilchen, Primel etc.), wodurch sie blütenbesuchenden Insekten wie der Hummel oder der Schwebfliege schon von den ersten Sonnentagen weg als Nahrungsquelle dienen – und Nahrung ist die wichtigste Bedingung, damit Nützlinge in Ihren Garten finden. Auch Schmetterlinge und besonders deren Raupen werden sich am Pflanzenreichtum in Ihrem Garten erfreuen (Rotbraunes Ochsenauge, Bläuling, Mauerfuchs, Großes Ochsenauge, Postillon).

Schwebfliege beim Sammeln von Blütenstaub an einer Wildblume

Ein farbenfroher Teppich: Kriechender Günsel und Gänseblümchen zur Blütezeit

Sechs hübsche Wildblumen für Farbtupfer im Rasen

Gemeine Schafgarbe

Die Gemeine Schafgarbe verträgt dichte oder sandige, nährstoffarme und trockene Böden, was manchmal dazu führt, dass sie sich auf ebensolchen ausbreitet. Stört es Sie sehr, wenn sie die Rasengräser verdrängt? Ihre Blüten werden von vielen Nützlingen besucht. Sie kann ganz einfach gemäht werden.

Veilchen

Dieses sehr diskrete Pflänzchen bemerken wir häufig erst, wenn es – üblicherweise gegen Ende März – zu blühen beginnt. Insekten schätzen seine Blüten, für uns Menschen machen sich Blüten und Blätter gut roh im Salat oder gekocht als Spinat.

Primel

Die Primel gedeiht gerne in höher geschnittenen Rasen. Sie blüht ab dem Winterende und zieht dabei viele Blütenstaub sammelnde Insekten an. Blüten und Blätter sind essbar, sie können roh oder gekocht genossen werden.

Gänseblümchen

In verdichteten, feuchten Böden wird das Gänseblümchen nicht lange auf sich warten lassen. Besser also, Sie akzeptieren seine Anwesenheit, erfreuen sich an seiner langen Blütezeit und genießen es: Seine jungen Blätter und Blüten können roh im Salat gegessen oder zu Suppe oder Spinat verkocht werden. Die Blüten werden zu Winterende gerne von Blütenstaub sammelnden Insekten und anderen Nützlingen besucht.

Gewöhnlicher Hornklee

Der Hornklee reichert den Boden mit Stickstoff an, was sich auf den Rasen sehr vorteilhaft auswirkt. Die sommerlichen gelb-orangefarbenen Blüten ziehen währenddessen viele Insekten und Schmetterlinge an. Ihre tiefen Wurzeln machen diese Hülsenfrucht äußerst widerstandsfähig gegen Trockenheit.

Scharbockskraut

Das Scharbockskraut bringt im Frühling wunderschöne, goldgelbe Blüten hervor. Anfang Mai allerdings verschwinden diese gemeinsam mit den rundlichen Blättern wieder ganz und gar und machen so Platz für die Rasengräser. Gute Gründe also, das Pflänzchen, das in feuchten und schattigen Teilen des Rasens gedeiht, zu akzeptieren.

Gemeine Schafgarbe

Veilchen

Stängellose Schlüsselblume (eine Primelart)

Gänseblümchen

Gewöhnlicher Hornklee

Scharbockskraut

Mittel zur Vorbeugung

Einen Rasen, der den Bedürfnissen einer Familie standhält, über Jahre zu erhalten, ohne dabei auf chemische Unkrautvernichtungsmittel oder Dünger zurückzugreifen, ist weder schwierig noch aufwendig.

* Der richtige Rasen in guter Qualität

Ein guter Rasen ist in erster Linie ein Rasen, der den Anforderungen seiner Benutzer entspricht.

Gebrauchs-, Sport- und Spielrasen

Soll eine Gartenfläche Sport, Spiel und Erholung dienen, dann ist in den meisten Fällen eine speziell darauf abgestimmte Rasenmischung die richtige Wahl: ein trittfester Rasen, der vorübergehende Trockenperioden verträgt, wenige Nährstoffzusätze braucht und nur etwa alle zwei Wochen gemäht werden muss. Greifen Sie zu einer Qualitätsmischung, wenn möglich auf Produkte mit Gütesiegel, auf Basis von Deutschem Weidelgras. Dieses ist feiner und wächst langsamer als das ursprüngliche Weidelgras, das traditionellerweise als Futtermittel verwendet wurde. Ein mit Gütesiegel ausgezeichneter Rasen speziell für Sport und Spiel ist teurer in der Bepflanzung, dafür aber kostengünstiger zu erhalten.

Zierrasen

Mit seinen kurzen, feinen Grashalmen ist der Zierrasen das „Supermodel unter den Rasenarten". Er wächst langsam und ist sehr schön anzusehen – allerdings weist er auch eine sehr niedrige Trittbelastbarkeit auf und hält Trockenheit nicht stand. Für die alltägliche Nutzung, etwa durch Barbecue, Spiel und Sport oder gemütliche Nachmittage im Garten, ist der Zierrasen nicht geeignet. Auf Moose, Unkraut und viele Bodenschädlingsarten reagiert er sehr empfindlich.

Damit Zierrasen seine Schönheit erhält, muss er gepflegt werden: Eine regelmäßige Düngung, die Bewässerung im Sommer, die Vernichtung von Unkraut und Moosen und richtiges Vertikutieren sind unabdingbar.

Wer zu Pestiziden greift, kommt davon später nur sehr schwer los. Machen Sie sich nicht zu einem Sklaven Ihres Rasens und verzichten Sie auf chemische Unkrautvernichtungsmittel – auch wenn die Fotos auf der Verpackung sehr verführerisch aussehen!

Schattenrasen

Schattenrasen setzt sich aus Gräsern zusammen, die mit wenig Licht auskommen, und eignet sich daher gut für sehr schattige Flächen. Allerdings ist Schattenrasen nicht sehr trittfest und wird, wenn er nicht durchlässig genug ist, sehr rasch von Moosen befallen.

* Die richtige Vorgehensweise

Vor der Aussaat

Entfernen Sie sorgfältig alle Organe mehrjähriger Pflanzen, die sich zum Zeitpunkt der Bodenvorbereitung in der Erde befinden (Wurzeln, Rhizome, Ausläufer, Brutknospen etc.). Diese Pflanzen würden andernfalls im Rasen wiederaufkeimen. Wenn Sie im Boden auf sehr viele Wurzeln stoßen, vermeiden Sie den Einsatz von rotierenden Geräten zur Bodenbearbeitung (z. B. Rotavator). Greifen Sie besser zu Gartenkralle oder Krail, um die Wurzeln an die Oberfläche holen und so entfernen zu können. Dazu bedarf es mehrerer Anwendungen: Gehen Sie einige Male sowohl der Breite als auch der Länge nach

Wählen Sie einen Rasen von Qualität, der Ihren Bedürfnissen entspricht!

Links zu kurz geschnittener Rasen, rechts Rasen mit einer Höhe von mehr als 5 cm.

Mit dem ersten Schnitt kann ein Großteil der unerwünschten Pflanzen beseitigt werden.

durch. Wiederholen Sie den Vorgang mehrmals im Abstand von mehreren Tagen.
Auf kleineren Flächen können Sie alternativ auch die Abdeck- (siehe S. 17) oder die Kartontechnik (siehe S. 61) anwenden.
Ist der Boden von unerwünschten Pflanzen regelrecht durchdrungen, dann ist ein Falsches Saatbett die richtige Methode (siehe S. 18). Ein solches muss mehrere Wochen vor der Aussaat angelegt werden.

Nach der Aussaat

Gemeinsam mit dem Rasen gedeihen ringsum unerwünschte Wildpflanzen? Keine Panik! Um sie loszuwerden, reicht es üblicherweise aus, den jungen Rasen zu mähen.

* Die richtige Schnitthöhe

- 3 bis 6 cm in gemäßigten Gebieten;
- 6 bis 8 cm in Gegenden mit sehr heißem und trockenem Wetter im Sommer.

Beim ersten Schnitt im Frühling darf der Rasen noch auf 5 cm gekürzt werden. Das macht ihn gleichmäßiger und er gewinnt an Dichte (Bestockung). Zierrasen setzt sich aus sehr feinen Gräsern zusammen und weist eine niedrige Trittbelastbarkeit auf: Er darf auf 3 cm gekürzt werden.
Ein höher geschnittener Rasen ist wesentlich widerstandsfähiger gegen:

- Unkrautbefall, besonders durch Pflanzen mit großen, ausladenden Blättern (Ampfer, Wegerich, Gewöhnliches Ferkelkraut, Gänseblümchen, Löwenzahn, Einjähriges Rispengras);
- Moosbefall;
- Bodenschädlinge, besonders Engerlinge (Maikäferlarven) und Erdraupen;
- Trockenheit;
- Pilzerkrankungen.

In einem zu kurz geschnittenen Rasen bedeckt das Gras die Erde nicht ausreichend. Der Boden ist damit stärker der Sonneneinstrahlung ausgesetzt, was unerwünschten Pflanzen das Aufkeimen und Insekten die Eiablage erleichtert. Die Wurzeln eines kurz geschnittenen Rasens liegen näher an der Oberfläche – in trockenen Zeiten können sich die Pflanzen keine Feuchtigkeit aus der Tiefe holen. Der Rasen leidet, wird im Laufe der Jahre immer dünner und zunehmend von „Feinden" befallen.
Den Rasen hoch zu schneiden, ist also die wichtigste Bedingung, um ihn in gutem Zustand zu erhalten und zu verhindern, dass er von Moosen oder Unkraut befallen wird. Wenn Sie außerdem die Technik des Mulchmähens anwenden und das gemähte, feine Schnittgut liegen lassen, anstatt es zu entsorgen, bringt dies zusätzliche Vorteile: Ihr Rasen wird schöner, grüner, dichter, die Struktur der Erde verbessert sich, der Boden wird besser durchlüftet und dräniert (siehe S. 45).
Ach ja, und – keine Sorge: Dass ein höherer Rasen öfter gemäht werden muss, ist nur ein Gerücht!

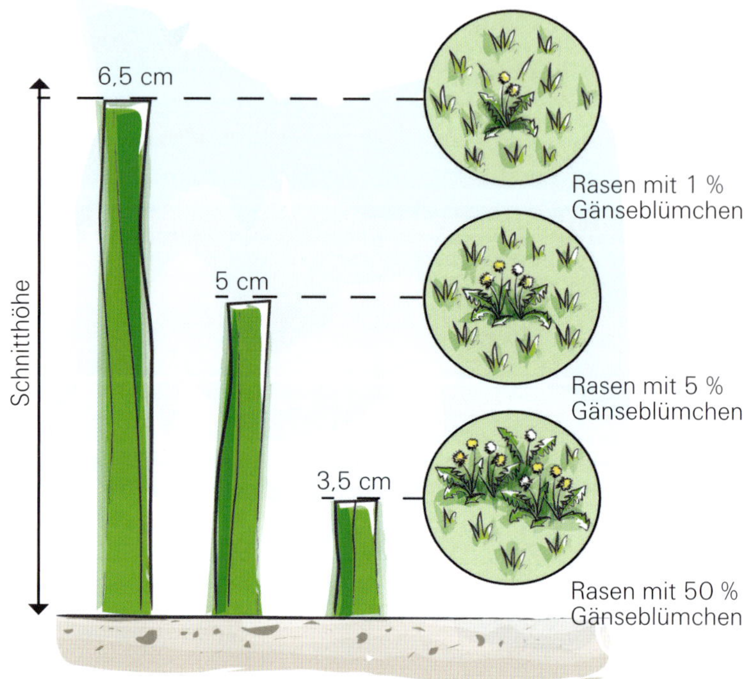

Schnitthöhe und Widerstandsfähigkeit gegenüber Unkraut

Schnitthöhe und Widerstandsfähigkeit gegenüber Trockenheit

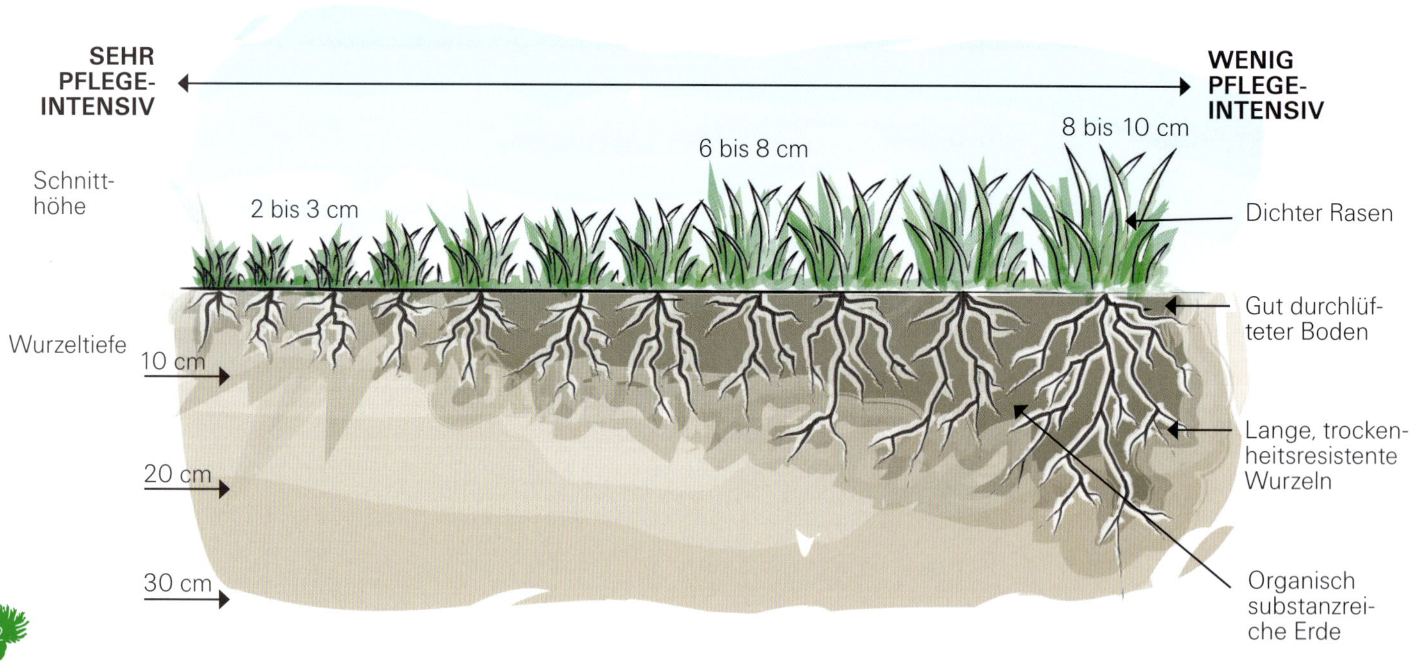

✻ Die Bodenorganismen mit Nährstoffen versorgen

Dünger, die wenig oder gar nicht wirken

Chemische Dünger versorgen das Gras mit Nährstoffen, ohne dabei aber die Lebewesen im Boden zu ernähren. Dem Boden kommt das Leben (Bakterien, Pilze, Regenwürmer, Insektenlarven etc.) abhanden – er verdichtet sich, wird sauerstoffarm und sauer. In der Folge machen sich unerwünschte Pflanzen breit, besonders jene, die dichte und feuchte Böden lieben: Kriechender Hahnenfuß, Ampfer, Moose etc. Da ist es schon empfehlenswerter, zu organischen Düngern zu greifen: Sie ernähren zuerst die Mikroorganismen im Boden (besonders die Bakterien), die den Dünger für Pflanzen assimilierbar machen, ohne dabei den Boden zu übersäuern. Das allein reicht allerdings nicht aus: Biodünger enthalten nicht genügend Pflanzenfasern wie Lignin und Zellulose – diese allerdings bilden eine Grundlage für Humus und sind Regenwürmern eine wichtige Nahrungsquelle.

Organische Substanz als optimaler Dünger

Damit die Erde fruchtbar und der Rasen über Jahre saftig grün bleibt, ist es wichtig, die Bodenorganismen mit organischer Substanz zu versorgen.

- Lassen Sie das fein zerhackte Schnittgut nach dem Mähen (Mulchmähen) ab und zu liegen, anstatt es zu entsorgen (siehe S. 45).

- Lassen Sie im Herbst einen Teil des Laubes angrenzender Bäume im Gras liegen. Zerkleinern Sie es mit dem Rasenmäher (siehe Kasten S. 44).

- Versorgen Sie den Boden von Zeit zu Zeit (alle zwei bis drei Jahre) mit reifem Kompost, „hausgemacht" oder aus dem Handel.

Das Leben im Boden als Bedingung für einen schönen, widerstandsfähigen und moosfreien Rasen

Für die Humusbildung ist diese organische Substanz eine wichtige Grundlage. Den Organismen im Boden bietet sie die ideale Nahrungsquelle – nährstoffreich und ausgewogen:

- Sie ernährt zuerst die Lebewesen im Boden, darunter die Mikroorganismen und die Regenwürmer. Je mehr die Regenwürmer fressen, desto mehr scheiden sie auch aus. Der Kot der Regenwürmer hat eine krümelige Struktur, ideal für einen weichen, gut durchlüfteten, durchlässigen Boden. Gleichzeitig fressen die Regenwürmer Gänge in die Erde, die nach einem Regen die Aufnahme von Feuchtigkeit erleichtern, Boden und Wurzeln mit Sauerstoff versorgen, den Pflanzen eine tiefere Verwurzelung ermöglichen und in trockenen Zeiten eine gute Versorgung mit Wasser sicherstellen. Das Ergebnis: keine Moose, wenig Unkraut und ein saftig grüner Rasen (– vorausgesetzt, er wird hoch geschnitten).
- Organische Substanz enthält Stickstoff und Mineralstoffe (Kalium, Phosphor, Magnesium), die dem Rasen sanft Nährstoffe zuführen, ohne dabei das Wachstum bedeutend zu beschleunigen.

Laub liegen lassen

Zerhacken Sie das Laub im Herbst mit dem Mulchrasenmäher und lassen Sie es liegen – es ist die beste Nahrungsquelle für das Leben im Boden, besonders für Pilze und Regenwürmer. Wenn das Laub sich zersetzt, werden darin enthaltene Nährstoffe frei (Stickstoff, Phosphor, Kalium, Kalzium und Magnesium) und es entsteht der für die Bodenqualität so wichtige Humus.

Der richtige Zeitpunkt

Um dem Rasen sanft Nährstoffe zuzuführen, streuen Sie trockenen, zerkrümelten Kompost direkt nach dem Mähen auf die Rasenoberfläche. Der ideale Zeitpunkt dafür ist der Monat Oktober, wenn das Graswachstum sich verlangsamt und das Leben im Boden so aktiv ist wie nie.

Die richtige Menge

Ideal sind 200 bis 500 g/m², alle zwei bis drei Jahre. Auf qualitativ mittelmäßige, humusarme Erde streuen Sie etwas mehr Kompost (etwa 500 g bis 1 kg) in kürzeren zeitlichen Abständen (alle ein bis zwei Jahre). Wächst das Gras nur mit Mühe, dann verwenden Sie am Winterende ein wenig biologischen Rasendünger.

Risiken des Mulchmähens

Oft wird behauptet, das Mulchmähen oder das Mulchen mit Laub führe zur Filzbildung: Pflanzenrückstände und vertrocknete Stängel sammeln sich an der Bodenoberfläche und ersticken so die Erde und die Pflanzen. Eine über sieben Jahre durchgeführte Studie der Université Liège/Belgien zeigte: Es kann tatsächlich zu Filzbildung kommen, allerdings nur in den ersten beiden Jahren nach Einführung derartiger biologischer Techniken, wenn die Mikroorganismen im Boden und die Regenwürmer sich vermehren und mit der Zersetzung der Pflanzenabfälle beginnen. Nach zwei Jahren ist der Filz abgebaut und der Rasen wird schöner, grüner, widerstandsfähiger – Moose und viele unerwünschte Pflanzen verschwinden.

* Säuregehalt des Bodens prüfen

Der pH-Wert (von neulateinisch *potentia Hydrogenii*) gibt Auskunft über den Säure- oder Basengehalt eines Bodens. Ein Boden mit einem Wert von
- 0 bis 7 ist sauer;
- 7 ist neutral;
- 7 bis 14 ist basisch (meist kalkhaltige Böden).

Der ideale pH-Wert eines Rasenbodens liegt bei 6,5 bis 7.

- Ein saurer Boden mit einem **Wert von unter 6,5** ist weniger lebendig und neigt zur Verdichtung. Besonders betroffen sind schlammige, tonhaltige Böden, die auf diese Weise zu einem Bett für Moose und – manchmal rasch überhandnehmende – Wildpflanzen werden.
- Ein **pH-Wert von über 7** erschwert es dem Gras, Stickstoff und andere Nährstoffe zu speichern – es wird gelblich.

Überprüfen Sie den pH-Wert alle drei Jahre mit Hilfe von Teststreifen aus dem Gartenfachgeschäft.

Zu saure Böden neutralisieren

Neutralisiert werden können Böden durch die Zugabe eines basischen, kalk- und magnesiumhaltigen Produktes – wir sprechen bei dieser Maßnahme gemeinhin vom „Kalken". Greifen Sie zu einem Produkt auf Basis von Karbonat. Dazu zählen:
- Dolomitkalk (Kalzium- und Magnesiumkarbonat);
- Kalkpulver (Kalziumkarbonat, z. B. Azet VitalKalk von Neudorff oder andere Marken).

Vermeiden Sie jedoch folgende Produkte:
- Kalk zur landwirtschaftlichen Nutzung (Calciumoxid, auch Branntkalk): Dieser ist zu aggressiv und „verbrennt" die Humusreserven im Boden, wodurch sich der Boden zusätzlich verdichtet. Wenn allerdings kein Karbonat zur Hand ist, darf Branntkalk verwendet werden – sofern einige Monate nach der Kalkung Kompost zugeführt wird.
- Lithothamnium (auch Maerl): Dieses marine Produkt kommt sehr selten vor und ist nur schwer erneuerbar. Durch seine Verwendung tragen wir zur Zerstörung küstennaher Meeresböden bei.
- Calciumcyanamid (auch Kalkstickstoff): Früher wurde das chemische Produkt als Pestizid verwendet, heute kommt es im Garten sehr gerne als Stickstoff- und Kalkdünger zum Einsatz. Für die Regenwürmer und die Mikroorganismen im Boden gilt der Kalkstickstoff als giftig – er schadet also den Lebewesen, die die Fruchtbarkeit des Bodens unterstützen und ihn gegen Moose und unerwünschte Pflanzen widerstandsfähig machen.

Neutrale pH-Werte im Boden erhalten

Um einen Boden neutral zu halten, reichen für gewöhnlich folgende Maßnahmen aus:
- die Zugabe von Asche: 100 g/m²/Jahr maximal zur Erhaltung;
- die Zugabe von Kompost (pH-Wert von 7,5): 200 bis 500 g/m² alle zwei bis drei Jahre.

Dolomit – natürliches Kalzium- und Magnesiumkarbonat

Die regelmäßige Zugabe von Holzasche hält den pH-Wert neutral.

Mittel zur Bekämpfung

Dass sich in einem Rasen spontan Wildpflanzen ansiedeln, ist normal – ein natürliches Phänomen (siehe S. 36), das wir akzeptieren sollten, besonders, wenn es sich um hübsche Pflanzen handelt, die nicht schnell überhandnehmen. Wer unerwünschte Pflanzen rasch beseitigen möchte, muss technisch vorgehen und sie mit der Hand und dem richtigen Werkzeug entfernen. Für nachhaltige Lösungen ist es wichtig, sich mit den Gründen für das Auftreten der Pflanzen zu beschäftigen und die Bedingungen für den Rasen zu verbessern, damit dieser nicht eines Tages von fremden Pflanzen beherrscht wird.

✻ Unkrautvernichtung von Hand

Beseitigen Sie unerwünschte Pflanzen, bevor sie Samen bilden, wenn der Boden feucht ist. Reißen Sie die Pflanze mitsamt ihrer Wurzel aus der Erde. Säen Sie auf der entstandenen Leerstelle einige Rasensamen und bedecken Sie diese mit Kompost oder Blumenerde. So wird der Platz „besetzt" und das Aufkeimen neuer unerwünschter Pflanzen verhindert.

Unkrautmesser

Mit dem Unkrautmesser lassen sich Pflanzen mitsamt ihrer Wurzel gut aus dem Boden entfernen. Es gibt eine ganze Bandbreite an Geräten, meist mit einem längeren Stiel und einer Klinge am unteren Ende. Manche haben an der Klingenspitze zwei Zacken, die das Ausreißen der Wurzeln vereinfachen.

Unkrautstecher

Unkrautstecher (z. B. Marke Fiskars) haben einen langen – manchmal verlängerbaren – Stiel, an dessen Ende ein Arm sitzt, der in den Boden gedrückt wird. Dieser erfasst die Wurzel, die durch einfache Hebelwirkung ohne Anstrengung aus dem Boden geholt werden kann. Ähnliche Geräte (z. B. Marke Revex) besitzen am Ende eine Art Spirale, durch deren Drehung die Wurzeln aus dem Boden geholt werden.

✻ Die Ursachen für Unkrautwachstum beheben

Die Ausbreitung unerwünschter Pflanzen kann eine Folge schlechter klimatischer Bedingungen oder schwieriger Bodenbedingungen sein. Folgende Faktoren begünstigen Unkrautentwicklung:
- Dauerregen im Winter,
- permanenter Schatten,
- schlecht dränierter Boden, Boden in einer Senke,
- Boden mit sehr geringer Dichte,
- sehr durchlässiger oder sehr saurer Boden.

Maßnahmen in solchen Fällen:
- Entweder Sie beheben die Mängel im Boden – eine schwierige, kostspielige Maßnahme: Böden dränieren oder aufschütten, auf sandigen Böden Tonerde zuführen, auf tonhaltigen Böden Sand zuführen etc.
- Sie können auch ganz einfach auf einen perfekten Rasen verzichten und die Ansiedelung von Wildpflanzen akzeptieren, die, wenn sie regelmäßig geschnitten werden, für die Artenvielfalt und die Nützlinge im Garten nicht nur annehmbar, sondern zu einer wahren Bereicherung werden.
- Oder aber Sie machen aus Ihrem Rasen ein Beet für mehrjährige Pflanzen oder Bodendecker, eine Blumenwiese oder Ähnliches.

Üblicherweise aber weist ein starkes Auftreten von Wildpflanzen auf eine falsche Rasenpflege hin:
- zu kurze Schnitthöhen;
- zu abruptes Mähen (in einem Durchgang wird zu viel Rasen geschnitten);
- zu wenig oder zu viel Zufuhr von organischer Substanz als Basis für die Humusbildung (letzteres zum

Unkrautstecher (Marke Fiskars)

Entfernung eines Löwenzahns mit dem Unkrautmesser

Säen Sie nach der Unkrautentfernung auf den Leerstellen Rasen.

Auf kargem Boden gedeiht eine hübsche, natürliche Blumenwiese. Wozu hier einen Standardrasen säen?

Beispiel, wenn große Mengen an grob geschnittenem Gras nach dem Mähen mit einem gewöhnlichen Rasenmäher in Häufchen am Rasen liegen gelassen werden);
– die Zufuhr von Stickstoffdüngern, die den Boden übersäuern (Ammoniumsulfat, Ammoniumnitrat);
– ein Abtreten und damit eine Verdichtung des Bodens, wenn er feucht ist;
– die Verwendung von chemischen Düngern oder Pestiziden.

All diese falschen gärtnerischen Praktiken lassen das Leben im Boden zurückgehen. Dies führt unweigerlich zu seiner Verdichtung und zu einem Verlust an Sauerstoff – zum Schaden des Rasens.
Die Mängel im Boden zu beheben, bedeutet also in erster Linie, für eine bessere Durchlüftung der Erde zu sorgen. Dabei mechanisch vorzugehen, ist teuer und aufwendig. Viel effektiver ist es, die Regenwürmer und andere Lebewesen im Boden zum Arbeiten anzuregen (siehe S. 14). Einen weiteren Schritt auf dem Weg zum gesunden Rasen setzen Sie, indem Sie den Boden vor der Übersäuerung bewahren (siehe S. 46).

Bis das Gras wieder gute Lebensbedingungen vorfindet, braucht es seine Zeit – mit zwei bis drei Jahren muss gerechnet werden. Doch bringen diese sanften Maßnahmen einige Vorteile: Sie sind einfach, kostengünstig und sparen dem Gärtner Kraft und Mühen. Und das Wichtigste: Sie sind nachhaltig!

* Rasen nachsäen oder erneuern

Rasen nachsäen

Graben Sie die Bodenoberfläche im Frühling oder am Sommerende mit einer Grabegabel oder einem Krail um. Befreien Sie den Boden, falls nötig, mit dem Vertikutierer von Moos (siehe S. 54) und Rasenfilz und entfernen Sie Wurzeln aus der Erde. Führen Sie reifen Kompost zu (1 bis 2 kg/m²).
Säen Sie eine Rasenmischung, die Ihren Bedürfnissen entspricht (Sport, Spiel, Erholung), eventuell auch eine Nachsaatmischung. Achten Sie dabei auf gute Qualität – Billigmischungen setzen sich meist aus sehr schnell wachsenden Gräsern mit dichten Blättern zusammen, die häufiges Rasenmähen notwendig machen. Düngen Sie die Fläche mit einem biologischen Rasendünger, um das Graswachstum anzukurbeln.

Einen Rasen erneuern

Wurde eine Fläche von Wildpflanzen regelrecht „besetzt" und das Rasengras verdrängt, dann können Sie diese Situation akzeptieren – oder den Rasen komplett erneuern. Letzteres sollte allerdings nur eine Notmaßnahme sein.
Bereiten Sie zunächst den Boden vor: Zerkrümeln Sie Erdklumpen, bearbeiten Sie den Boden mehrmals im Abstand von mehreren Tagen mit dem Krail, um Wurzeln aus der Erde an die Oberfläche zu holen. Säen Sie einen Rasen, der auf Ihre Bedürfnisse abgestimmt ist (siehe S. 40).

Wird grob geschnittenes Gras nach dem Mähen mit einem gewöhnlichen Rasenmäher in großen Haufen am Rasen liegen gelassen, erstickt darunter der Rasen und Unkraut siedelt sich an.

Der Löwenzahn in der Blütezeit – eine essbare Nutzpflanze

Die Samen des Löwenzahns verbreiten sich rasch.

Der Breitwegerich wird im Garten gerne zur Plage, ist aber ein wirksames Mittel gegen Brennnesselquaddeln.

Sechs unerwünschte Pflanzen und wie wir sie bekämpfen

Löwenzahn und Breitwegerich

Der **Löwenzahn** vermehrt sich mit Hilfe des Windes und findet daher rasch Ausbreitung. Gärtner können ihm daher oft nur wenig abgewinnen. In einem dichten, hohen Rasen können Sie den Löwenzahn ohne Bedenken stehen lassen, dort breitet er sich nicht aus. Probieren Sie seine jungen Blätter oder Blüten im Salat und genießen Sie den Anblick all der Bestäuberinsekten und Nützlinge, die sich im Februar und März an ihm laben. Eigentlich ist der Löwenzahn eine Nutzpflanze, jedoch muss er kontrolliert werden.

Der **Breitwegerich** verbreitet seine zahlreichen Samen (Zehntausende pro Pflanze und Lebensdauer) rasch über Wasser und Vögel. Seine Blätter sind essbar, zum Beispiel als Spinat. Sein Saft, auf Quaddeln von Brennnesseln oder Insektenstichen getupft, wirkt schmerzlindernd.

- **Gründe für das Auftreten:** verdichteter, festgetretener, fester Boden; Sauerstoffmangel im Winter; zu niedrige Schnitthöhen; zu dünne Rasendecke.
- **Gegenmittel:** Schnitthöhen anheben; organische Substanz zuführen, um das Leben im Boden anzuregen (siehe S. 55); auf feuchtem und kaltem Boden im Frühling durch Zufuhr kleiner Mengen von biologischem Stickstoffdünger die mikrobielle Aktivität anregen; die Wurzeln überhandnehmender Pflanzen von Hand ausreißen.

Weißklee

Unter Bestäuberinsekten wie Bienen ist der Weißklee äußerst beliebt – das kann das Barfußgehen im Sommer manchmal zu einer gefährlichen Unternehmung machen.

- **Gründe für das Auftreten:** verdichteter, fester, festgetretener Boden mit einem geringen Gehalt an assimilierbarem Stickstoff. Klee arbeitet in dieser Hinsicht autonom: Mit den Wurzeln in Verbindung stehende Bakterien binden den Stickstoff aus der Luft. Das Gras hingegen leidet unter dem Stickstoffmangel im Boden und zieht sich zugunsten des Klees immer weiter zurück.
- **Gegenmittel:** Stängel soweit möglich von Hand ausreißen, Mulchmähen, Kompost und organischen Stickstoff (Brennnesseljauche, Blutpulver, organischer Rasendünger etc.) zuführen. Auf einem Boden mit geringerer Dichte und einem höheren Nährstoffgehalt gewinnen die Rasengräser nach und nach die Oberhand und der Klee zieht sich zurück.

Weißklee

Kriechender Hahnenfuß und Kriechendes Fingerkraut

Diese hübschen Pflanzen mit ihren gelben Blütenköpfen breiten sich über Ausläufer und ihre kriechenden Stängel rasch aus.

◗ **Gründe für das Auftreten:** verdichteter, fester, festgetretener Boden; beim Hahnenfuß: feuchter Boden im Winter.

Kriechender Hahnenfuß

◗ **Gegenmittel:** das Leben im Boden durch Zufuhr von organischer Substanz anregen (siehe S. 55), den feuchten Boden nicht abtreten, Schnitthöhen anheben, die Übersäuerung des Bodens bekämpfen.

Krauser und Stumpfblättriger Ampfer

Mit seinen breiten Blättern verdrängt der Ampfer das Rasengras. Seine hohen Blütenstiele bringen Tausende von Samen hervor, die im Boden mehr als ein halbes Jahrhundert überdauern. Es ist daher wichtig, ihn noch vor seiner Blüte abzuschneiden.

◗ **Gründe für das Auftreten:** verdichteter Boden mit einem hohen Anteil an schlecht zersetzter organischer Substanz, feuchter Boden, Sauerstoffarmut, zu niedrige Schnitthöhen.

◗ **Gegenmittel:** Schnitthöhen anheben; die Pflanze mitsamt ihrer Wurzel ausreißen; geringe Mengen biologischen Stickstoffdünger zuführen; die Übersäuerung des Bodens verhindern; die Pflanze abschneiden, bevor sie Samen trägt.

Kriechendes Fingerkraut

Krauser Ampfer

Gewöhnliches Ferkelkraut

Mit seinen rosettenförmig angeordneten, flach auf dem Boden wachsenden Blättern verdrängt das Ferkelkraut die Rasengräser rundherum. Im Sommer ist die Pflanze mit ihren gelben Blütenköpfen besonders für Bestäuberinsekten ein attraktives Ziel.

Gründe für das Auftreten: zu niedrige Schnitthöhen; dünner Boden; karger, durchlässiger, verdichteter, eher saurer Boden, der im Sommer austrocknet.

Gegenmittel: Schnitthöhen anheben, Mulchmähen (jedoch keinesfalls zur Blütezeit), im Herbst Kompost zuführen, auf saurem Boden basische Ausgleichsprodukte zuführen.

Die Blätter des Ferkelkrauts

Das Gewöhnliche Ferkelkraut zur Blütezeit

Moose: Vorbeugen und bekämpfen

Es gibt viele verschiedene Arten von Moosen, manche von ihnen bevorzugen saure, andere kalkhaltige Böden. Moosbildung ist also nicht immer ein Zeichen für eine Übersäuerung, wie immer wieder gerne behauptet wird. Was es zum Gedeihen allerdings in jedem Fall benötigt, ist ein feuchter Boden oder Untergrund: Moose besitzen keine Wurzeln, sondern ernähren sich von Staunässe auf der Bodenoberfläche.

Moos gedeiht auf verdichteten, sauerstoffarmen Böden.

✻ Warum bildet sich im Rasen Moos?

Moose entstehen selten auf gut durchlüfteten, lebendigen Böden oder auf durchlässigen Sandböden, außer in Gegenden mit einem sehr regnerischen Klima. Gerne hingegen bilden sie sich:
- auf festen, wenig durchlässigen und daher im Winter feuchten Böden, auf denen Wasser (1 mm reicht) steht, anstatt zu versickern;
- auf Böden mit geringer biologischer Aktivität, denn in einer lebendigen, von Regenwurmgängen durchzogenen Erde versickert Wasser rasch (siehe S. 44);
- bei mangelnder Zufuhr von schnell zersetzbarer organischer Substanz, einer wichtigen Nahrungsquelle für Regenwürmer und Mikroorganismen;
- auf Böden mit Tendenz zur Übersäuerung: In schlammigen, tonhaltigen Böden trägt der hohe Säuregehalt zu einem Rückgang der biologischen Aktivität bei – der Boden verfestigt sich. Säure begünstigt also die Moosbildung, ist aber nicht deren Hauptursache.

Moose lieben außerdem:
- dünne, zu kurz geschnittene Rasendecken;
- schattige Lagen, wo das Wasser länger braucht, um zu verdunsten;
- häufige Regenfälle zwischen September und April, hiergegen ist der Gärtner machtlos.

✻ Moose bekämpfen

Mit folgenden Maßnahmen lässt sich Moos wirkungsvoll – jedoch nicht nachhaltig – entfernen:

▸ **Vertikutieren** (Rasenfilz und Moos mit einem Vertikutierer wegkratzen): Gehen Sie im September (Entfernung von Rasenfilz) und/oder im Frühling (Entfernung von Moos und Rasenfilz) vor. Verwenden Sie einen motorisierten Vertikutierer – ein solcher arbeitet effizienter und kraftsparender (auch als Leihgerät erhältlich).

Elektrisch betriebener Vertikutierer

Organisches Moosvernichtungsmittel

Das Vertikutieren eignet sich als Alleinmaßnahme zur Moosentfernung, kann aber auch zusätzlich zur Moosvernichtung (siehe unten) zum Einsatz kommen. Bringen Sie alle entstehenden Pflanzenabfälle zum Kompost.

▸ **Moose vernichten** mit organischen Moosvernichtungsmitteln aus dem Handel: Diese Produkte (z. B. Croq'mousse der Marke Osmobio, erhältlich z. B. auf amazon.fr) wirken gleichzeitig auch als Dünger. Sie enthalten Algensaft und konzentrierte Zuckerrübenvinasse, die das Moos ersticken und – unterstützt durch eine kleine Prise Eisensulfat – zerstören. Der Rasen hingegen wird durch Algensaft und Vinasse genährt und verdichtet sich.

▸ **Eisensulfat vermeiden:** Ebenso wie Calciumcyanamid (Kalkstickstoff) zerstört es Moose, trägt aber gleichzeitig zu einer Übersäuerung des Bodens bei.

✻ Moosen vorbeugen

Damit Moos nicht von Neuem entsteht, mussen wir den Ursachen für seine Entstehung vorbeugen. Dies bedeutet in erster Linie, die Durchlässigkeit des Bodens zu verbessern, sodass Staunässe verhindert wird. Die besten Bedingungen hierfür schaffen die Regenwürmer, indem sie die Erde mit Gängen durchziehen und, wenn sie sich gut ernähren, krümelige Erde hinterlassen. Es ist also wichtig, ihnen Nährstoffe zuzuführen und die Mikroorganismen im Boden bei der Arbeit zu unterstützen.

▸ **Achten Sie auf eine regelmäßige Zufuhr von:**
- **Kompost** in Pulver- oder flüssiger Form (0,2 bis 1 kg/m²) im Herbst (siehe S. 44);
- leicht zersetzbaren **organischen Abfällen**, die von den Regenwürmern verzehrt werden (Mulchmähen, Mulchen mit Laub im Herbst – siehe S. 45).

Heben Sie die Rasenschnitthöhe auf 6 cm an (siehe S. 41) und mähen Sie den Rasen nicht zu häufig, damit das Gras genug Zeit hat nachzuwachsen.

Kalken Sie die Rasenfläche, wenn Sie mit Hilfe eines pH-Teststreifens eine Übersäuerung festgestellt haben (S. 45). Mit dem Kalken alleine lässt sich Moos jedoch nicht bekämpfen.
Wenn nötig, säen Sie zusätzlich einen Schattenrasen. Parallel dazu sollte aber die Durchlässigkeit des Bodens verbessert werden – andernfalls wird das Moos wiederkommen.

Moosflächen für Vögel, Spitzmäuse und Amphibien unberührt lassen

Für die Artenvielfalt und das biologische Gleichgewicht im Garten sind Moose eine Bereicherung. Ein wenig davon sollte für die Tierwelt bestehen bleiben.

- **Vögel:** Wie viele Sperlingsarten verwendet auch die Meise für den Nestbau in erster Linie Moos
- **Spitzmäuse, Amphibien, Laufkäfer:** Diese Tiere lieben Moos – es spendet ihnen Frische und Schatten und schützt sie vor Raubtieren, sommerlicher Hitze und winterlicher Kälte. Das zwischen den feuchten Grashalmen wachsende Moos ist für die Tiere außerdem ein idealer Ort zum Jagen: Hier finden sie viel Beute.

Wenn Ihr Garten dem Moos so gute Bedingungen zum Wachsen bietet, wäre es nicht die beste Lösung, diesen wunderbaren Teppich einfach gedeihen zu lassen? Moos sieht hübsch aus und trägt zum Leben im Garten sehr positiv bei.

Meisen-Nistkasten, gefüllt mit Moos

Im Moos im feuchten Rasen versteckt sich ein Molch.

Unkrautbekämpfung im Zier- und Obstgarten

- Mittel zur Bekämpfung
- Vorbeugen: Mulchen
- Vorbeugen: Konkurrenz durch Bodendecker
  Im Blick: Die besten mehrjährigen Bodendecker
- Vorbeugen: Pflanzen richtig anordnen

In diesem Kapitel geht es um die Unkrautbekämpfung in Strauchbeeten, Beeten für mehr- und einjährige Pflanzen, rund um Rosensträucher, Hecken, (Obst-)Bäume und Obststräucher.

Ein dicker Karton eignet sich gut zur Kontrolle von Unkrautwuchs. Optisch ansprechender ist es, ihn noch mit Laub oder Holzhäckseln zu bedecken.

Mittel zur Bekämpfung

✻ Unkrautvernichtung von Hand

Die Methoden und Instrumente, wild wachsende Pflanzen auf Beeten oder Rabatten von Hand zu bekämpfen, sind zahlreich. Bestehendes Unkraut zu vernichten ist allerdings eine langwierige, aufwendige und mühevolle Aufgabe, die – noch dazu – mit einem Mal selten getan ist.
Die hier aufgelisteten Instrumente sind hilfreich, wenn Sie einen Bereich von unerwünschten Pflanzen befreien und reinigen möchten. Gehen Sie danach aber möglichst schnell zu vorbeugenden Maßnahmen über – diese sind wesentlich effizienter und machen viel mehr Spaß!

Grabegabel

Die Grabegabel eignet sich gut, um tiefliegende Wurzeln aus dem Boden zu holen. Am effektivsten ist es, die Gabel nahe an der Pflanze in den Boden zu schieben und den Stiel dann nach hinten zu drücken, um die Pflanze auszuhebeln. Achten Sie dabei darauf, dass die Erde trocken genug ist, um sie zu zerkrümeln. Sie sollte jedoch auch nicht zu trocken sein, sodass sich die Gabel problemlos in den Boden stecken lässt.

(Jät-)Hacke

Mit Hacken können Jungpflanzen abgeschnitten werden. Allerdings eignet sich diese Methode nur für ein- oder zweijährige Pflanzen. Mehrjährige wachsen sofort nach.

Rasentrimmer

Wildwuchs am Rand von Beeten oder Hecken oder am Fuße von Bäumen mit dem Rasentrimmer unter Kontrolle zu bringen, ist möglich – allerdings auch kostspielig und lärmintensiv. Das Sichelmesser ist ebenfalls effizient, aber die mühevollere Variante.

Sichelmesser, Sense oder Rasenschneider

Ob es nun regelmäßig geschieht oder nicht (wie auf Blumenwiesen) – Wildblumen zu mähen ist immer eine gute Methode, ihr Wachstum zu kontrollieren. Das Schnittgut kann (wenn keine Samen darunter sind) zum Mulchen, als Kompost oder als Tierfutter verwendet werden.

Gegen Windengewächse vorgehen

Gegen Winden gibt es kein Wundermittel. Sie können sie schwächen, indem Sie sie systematisch ausreißen, bevor sie sich über andere Pflanzen schlingen oder über den Boden ausbreiten.
Teilweise lassen sich Windengewächse zerstören, indem sie mit Kartons oder einer luftdurchlässigen schwarzen Plane abgedeckt werden. Achten Sie dabei darauf, dass keine Zwischenräume freibleiben und halten Sie die Erde feucht, um zu verhindern, dass die Winde unter der Plane in Vegetationsruhe tritt.
Bei besseren biologischen und physischen Bodenbedingungen (durch Zufuhr von Kompost und Mulchen mit rasch zersetzbarem organischen Material) lässt sich die Pflanze einfacher ausreißen. Vermeiden Sie den Einsatz von rotierenden Geräten, da Sie die Organe der Pflanze so unendlich vermehren. Die Zufuhr von Holzhäckseln auf schlammigen oder tonhaltigen Böden scheint den Wuchs von Winden und Disteln eher zu fördern.

✻ Abdecken mit Karton

Durch eine Abdeckung von Bodenflächen mit dicken Kartons lassen sich viele unerwünschte Pflanzen bekämpfen. Schneiden Sie die Pflanzen auf Bodenhöhe ab und legen Sie dann die Kartons über den Boden. Fixieren Sie diese mit Klebeband und Heftklammern aneinander und legen Sie sie, wenn möglich, in Längs- und Querschichten übereinander. Für eine bessere Optik bestreuen Sie die Kartons mit Mulch. Lassen Sie sie sechs Monate liegen (siehe nächste Seite).

Gegen die Acker-Kratzdistel vorgehen

Das beste Mittel, die mehrjährige Acker-Kratzdistel (*Cirsium arvense*) auf umweltfreundliche Weise nach und nach zu bekämpfen, besteht darin, sie einmal im Monat abzuschneiden, ohne sie dabei jedoch auszureißen.

Besonders wirkungsvoll ist diese Methode in Zeiten, in denen die Pflanze sehr viele Nahrungsreserven aufbraucht:

- beim Nachwachsen im April;
- während der Ausbildung der Blütenstiele und Blütenknospen, vor der Blütenöffnung, von Mai bis Juli.

Durch ein Abschneiden einige Zentimeter über dem Boden schwächen Sie die Pflanze, die mit Mühe ihre Nahrungsreserven wiederauffüllen muss. Durch Wasser, das direkt in den abgeschnittenen Stängel eintritt, nimmt die Pflanze zusätzlich Schaden. Eine effektive Methode: Die Distel geht zurück und ist nach etwa vier Jahren völlig verschwunden.

Rosenstrauch auf einer Laubdecke

Vorbeugen: Mulchen

Die Erde permanent zu bedecken, ist die beste und einzige Möglichkeit, unerwünschten Pflanzen vorzubeugen. Natürlich ist es aber erlaubt, einzelne Wildpflanzen – vor allem die besonders hübschen – ganz einfach auch gedeihen zu lassen.

✻ Die großen Vorteile des Mulchens

Zunächst: Eine Stunde Mulchen erspart Ihnen zehn Stunden Gartenpflege.

- **Wenig bis gar kein Jäten mehr:** Der Mulch hindert unerwünschte Pflanzen am Wachsen. Genauer gesagt hemmt er die Keimung von Samen, indem er diese vom Licht abschottet. Das Nachwachsen von mehrjährigen noch im Boden befindlichen Pflanzen (Wurzeln, unterirdische Sprossachsen, Wurzelknollen etc.) kann durch das Mulchen allerdings nicht verhindert werden. Vor dem Mulchen ist es daher wichtig, sorgfältig zu jäten und alle Wurzeln zu entfernen, besonders jene von sehr hartnäckigen Pflanzen wie Quecke, Sauerklee und Distel. Damit die gewünschte Wirkkraft erzielt wird, muss die Mulchschicht hoch genug sein, zumindest 5 cm. Es ist auch möglich, darunter eine Schicht Kartons aufzulegen (siehe S. 61). Pflanzen, die sich dennoch ansiedeln, lassen sich meist einfach ausreißen, da die Erde unterhalb der Mulchschicht weicher ist.

Kein Gießen mehr: Die Mulchschicht sorgt dafür, dass Feuchtigkeit langsamer verdunstet und bewahrt den Boden so vor dem Austrocknen. Das Mulchen reduziert den Wasserbedarf (und damit auch den Wasserverbrauch!) auf ein Fünftel oder sogar weniger. Nur Jungpflanzen müssen gegossen werden, ältere kommen allein zurecht.

Kein Harken mehr: Regen kann auf den Boden eine zerstörerische Wirkung haben. Es kommt zu einer Verschlämmung der Bodenoberfläche, Verkrustung und Erosion. Die Mulchschicht schützt den Boden davor und hält ihn durchlässig.

Kein Umgraben mehr: Organischer Mulch ernährt Mikroorganismen, Regenwürmer und all die anderen Lebewesen, die den Boden bearbeiten und durchlüften, indem sie ihn mit Gängen durchziehen. Je fleißiger diese Lebewesen arbeiten, desto weniger bleibt Ihnen zu tun! Mulch aus Kunststoff besitzt diesen Vorteil nicht.

Kein Düngen mehr: Durch die erhöhte Bodenaktivität werden die Pflanzen besser versorgt. Die Mulchschicht schützt die Erde außerdem vor Hitze. Darunter ist es immer kühler – die Maximaltemperatur im Sommer liegt bei etwa 25 °C, während die Bodentemperatur ohne Mulch 50 °C oder mehr annehmen kann. Die Lebewesen in der Erde – Bakterien, Pilze, Regenwürmer etc. – bleiben also permanent aktiv. Sie sind die „Chefköche" im Boden: Indem sie den organischen Mulch zersetzen, schaffen sie für die Pflanzen wertvolle Nahrung und eine angenehme Bodenstruktur. Die nahrhaftesten unter den Mulchmaterialien sind grünes Schnittgut, Laub sowie Häcksel aus jungen Ästen und Reisig. Kunststoff-, Rinden- und Strohmulch sowie Mulch aus Holzhäckseln eignen sich für diese Zwecke kaum.

Schutz vor Frost: Eine dicke Mulchschicht aus Laub und im Mulchrasenmäher gehäckseltem Reisig schützt die Pflanzen und das Leben im Boden wirkungsvoll vor winterlichem Frost. Unter dieser

Mehrjährige Pflanzen auf gut gemulchtem Boden (Häcksel aus Zweigen)

Decke bleiben die Regenwürmer den Großteil des Winters über aktiv und bearbeiten den Boden für den Gärtner.

Pflanzen vor ihren Feinden schützen: Im Sommer schützt die Mulchschicht Nützlinge wie Laufkäfer, Kurzflügler (fressen Schneckeneier und Blattläuse), Tausendfüßer, Amphibien, Spitzmäuse vor Hitze. Im Winter wird sie für diese und viele weitere Tiere (Marienkäfer, Schwebfliegen) zu einer warmen Decke. Die beste Schutzwirkung besitzen atmungsaktive Mulchdecken, etwa aus Laub, im Mulchrasenmäher gehäckseltem Reisig, Stroh oder Heu.

* Mulch – ein natürlicher Lebensraum für Pflanzen und Tiere im Garten

Alle Gartenpflanzen sind in ihrem Ursprung Wildpflanzen, die im Laufe der Geschichte durch Züchtung an die Bedürfnisse der Gärtner angepasst oder ertragreicher gemacht wurden. Sie kommen „aus der Natur". Auf wirklich natürlichen Böden allerdings liegt auch immer eine Mulchdecke, die die Pflanzen schützt. Finden die Pflanzen im Garten ihre natürlichen Lebensbedingungen vor, dann sinkt ihre Anfälligkeit für Krankheiten und Schädlinge deutlich. Gleichzeitig können sie ohne Konkurrenz durch Unkraut gedeihen.

Laubmulch unter Bäumen und Sträuchern: Die Zier- und Oststräucher in unserem Garten stammen alle aus dem lichten Unterholz, aus Rainen und Lichtungen im Wald. Drei Viertel der Pflanzenabfälle auf Waldböden macht das Laub aus, tote Äste weniger als ein Viertel. Und was man in der Natur nicht findet, sind gehäckselte Äste oder Holzhackschnitzel.

Heumulch unter mehrjährigen Blumen: Mehrjährige Blumen (Margerite, Aster, Rudbeckie, Geranie, Sonnenhut, Zwiebelblumen etc.) werden mit Heu gemulcht. In wilden Wiesen, wo diese Pflanzen ursprünglich gedeihen, sterben einjährige Pflanzen im Herbst/Winter ab und bilden eine Mulchschicht. Nachwachsende Pflanzen durchdringen diese Decke im Frühling. Manchmal legt sich auch Laub aus umliegenden Bäumen über den Boden.

Kies unter Gebirgs-, Wüsten- und mediterranen Pflanzen: In Gebirgslandschaften bietet eine mineralische Mulchschicht den Pflanzen Schutz vor Frost und zu viel Feuchtigkeit. In trockenen, lebensfeindlichen Zonen schützt Mineralmulch die Pflanzen vor Trockenheit und Hitze.

Rhododendron, ganzjährig auf Laubmulch

Einjährige Pflanze auf Heumulch

Mehrjährige Pflanze auf Rasenmulch

Berufkraut (mediterrane Pflanze) auf Schiefermulch

✻ Richtig mulchen für eine optimale Wirkung

Wenn Sie ein Beet für mehrjährige Blumen, Rosen oder Zier- und Obststräucher zum ersten Mal mulchen, bereiten Sie zunächst die Erde gut auf. Eine zeitaufwendige Aufgabe, aber keine Sorge – später werden Sie mit Ihrem Beet zehnmal weniger Arbeit haben als mit einem nicht gemulchten.

- Jäten Sie vor dem ersten Mulchen sorgfältig alles Unkraut: Entfernen Sie alle Wurzeln, achten Sie darauf, dass keine davon in der Erde vergraben zurückbleiben – diese würden allzu schnell nachwachsen.
- Wenn die Erde Klumpen bildet, zerkrümeln Sie diese mit einer Grabegabel.
- Mangelt es der Erde an Humus, führen Sie etwas Kompost zu, um die Tiere und Pflanzen darin mit Nährstoffen zu versorgen.
- Ebnen Sie die Bodenoberfläche mit einem Krail ein.
- Mulchen Sie den Boden sofort nach Aufbereitung der Erde, damit sich nicht bald darauf wieder Wildpflanzen ansiedeln. Achten Sie darauf, dass die Mulchschicht ausreichend dick (mindestens 5 cm, idealerweise 5 bis 10 cm) und das Mulchmaterial gleichmäßig verteilt ist – das sorgt für eine optimale Wirkung und die richtige Ästhetik.
- Der Boden sollte idealerweise im feuchten Zustand gemulcht werden, also nach einem Regen. Alternativ können Sie den Boden nach dem Mulchen auch großzügig gießen.

Den Mulch innerhalb des Beetes halten

Vögel wissen, dass sie im Mulch reiche Beute finden und die Erde dort weicher ist, und scharren daher nur allzu gerne darin herum. Damit das Mulchmaterial an Ort und Stelle bleibt und nicht über den ganzen Rasen verteilt wird, heben Sie die Erde am Rande von Beeten oder Gartengängen aus: Entfernen Sie dafür einen Streifen Erde von etwa 10 cm Tiefe und einer Breite von 15 bis 20 cm und mulchen Sie die Fläche dann.

Mulchen Sie Beete sofort nach der Bepflanzung oder dem Jäten.

* Alle Teile des Ziergartens mulchen

Einjährige Blumen

Mulchen Sie die Erde zwei bis drei Wochen nach der Bepflanzung, wenn die Blumen bereits einige Zentimeter groß sind. Verwenden Sie dafür Material mit einer Lebensdauer von mindestens sechs Monaten: Heumulch, Heckenschnittgut, Flachs- oder Hanfmulch, Mulch aus Buchweizenhülsen oder Kakaoschalen etc.

Eine andere Möglichkeit besteht darin, direkt nach der Pflanzung zu mulchen. Legen Sie in diesem Fall einen Schutzring um die Blumen (siehe S. 98).

Beete für mehrjährige Blumen

Greifen Sie zu langlebigem Mulchmaterial: im Mulchrasenmäher gehäckseltes Laub, gehäckseltes Heckenschnittgut oder Reisig, Buchweizenhülsen oder Häcksel aus Nutzhanf. Ebenso kann getrocknetes Rasenschnittgut verwendet werden, die Schicht sollte etwa 10 cm dick sein.

Sträucher, Hecken, Einzelbäume

Verwenden Sie, wenn möglich, langlebiges Material aus dem Wald: Laub (die breitesten und stärksten Blätter sind die langlebigsten), Baumnadeln, gehäckselte Äste, Rinde, Heckenschnittgut (etwa von Thuje oder Echtem Lorbeer). Pflanzen Sie zur Ergänzung Bodendecker (siehe S. 78).

Rosensträucher

Mulchen Sie Rosen mit einem Material von mittlerer Lebensdauer: Mist (ein hervorragender, seit Jahrhunderten verwendeter Nährstofflieferant), grünes Heckenschnittgut, im Herbst Laub etc.

Mulch aus Thuje, Lorbeerkirsche oder gehäckselten Ästen eignet sich ebenfalls. In diesem Fall ist es aber sinnvoll, dem Boden vor dem Mulchen Kompost zuzuführen. Vermeiden Sie Mulchfolien aus Kunststoff, da diese das Leben im Boden zurückgehen lassen.

Ein- und mehrjährige Blumen auf einem Mulch aus Kakaoschalen

Mehrjährige und Zwiebelblumen auf einem Mulch aus Reisig, zerkleinert mit dem Rasenmäher

Weigelie auf Laubmulch

Strauchhecke auf Laubmulch

Kamelie auf Laubmulch, wie in ihrer natürlichen Umgebung

Obstbäume mulchen

Obstbäume brauchen viel Humus: Sie haben einen hohen Nährstoffbedarf, unter anderem benötigen sie Stickstoff. Achten Sie dabei aber auf die Menge: Ein Zuviel an Stickstoff unterstützt Blätter und Äste – auf Kosten der Früchte.

Greifen Sie zu einem Material von mittlerer Lebensdauer (ein Jahr) und wechseln Sie zwischen nährstoffreichen Mulchmaterialien, wie etwa Schnittgut (stickstoffhaltig), und Waldmaterial, wie zum Beispiel Laub (kohlenstoffhaltig), ab. Mulchen Sie Obstpflanzen nicht mit ihren eigenen Abfällen.

Beerensträucher (Rote und Schwarze Johannisbeere, Himbeere) benötigen regelmäßige Kompostzufuhr, wenn möglich direkt nach der Ernte (1,5 kg/m^2) und bevor Sie eine neue Mulchdecke auftragen.

Muss ich alten Mulch entfernen, bevor ich eine neue Schicht auftrage?

In Beeten für mehrjährige oder ausdauernde Pflanzen brauchen Sie den Mulch nicht zu entfernen oder zu vergraben (Sie müssen hier auch nicht mehr umgraben!). Legen Sie ganz einfach eine neue Mulchschicht über die alte, bevor diese sich zersetzt hat und Unkraut sich ansiedelt. Nutzen Sie zum Beispiel den Herbst oder Winter, um eine Schicht Laub über dem alten Blättermulch aufzutragen.

✻ Der beste Mulch im Ziergarten

Wählen Sie idealerweise ein Mulchmaterial, das Ihnen das Unkrautjäten erspart, die Erde verbessert, das Leben im Boden und Ihre Gartenpflanzen mit Nährstoffen versorgt und Nützlingen Schutz bietet. Kurz gesagt: Greifen Sie zu einem Alleskönner!

Grünabfälle aus dem Garten sind hier die ideale Lösung. Sie sind kostenlos, einfach zur Hand und umweltfreundlich, wirken auf allen gewünschten Ebenen und verursachen keine Transportkosten. Und: Sie selbst müssen weder Zeit noch Geld aufwenden, um Ihre Gartenabfälle loszuwerden. Nur Vorteile!

Für die Schaffung Ihres Gartens und später zur Ergänzung finden Sie im Handel eine Auswahl unterschiedlicher Mulchmaterialien.

Als Pflanze, die im Unterholz gedeiht, liebt die Himbeere Laubmulch. Erneuern Sie die Schicht jedes Jahr am Winterende.

Apfelbäume auf einem Mulchbeet gemeinsam mit mehrjährigen Pflanzen

Oberstes Prinzip: Verwenden Sie, was Sie zur Verfügung haben!

Alle Grünabfälle können als Mulch verwendet werden, sobald in Ihrem Garten genügend davon anfallen. Setzen Sie zur Unkrautbekämpfung ein, was Sie zur Hand haben. Das ist die Grundregel. Wenn Sie die Möglichkeit haben, achten Sie bei der Auswahl des Mulchmaterials auf dessen Lebensdauer und stimmen Sie es auf die Pflanzen ab (siehe S. 112). Je höher der Ligningehalt im Mulch (gehäckselte Äste und Reisig, Laub etc.), desto langsamer zersetzt dieser sich. Es kann reichen, die Mulchschicht nur einmal im Jahr oder alle zwei Jahre zu erneuern. Rasenschnitt muss öfter neu aufgetragen werden.

Mehrjährige Pflanzen, gemulcht mit Rasenschnitt

Rasenschnitt

Mit Rasenschnitt können alle Kulturen gemulcht werden, idealerweise allerdings kurzlebige, junge, krautige Pflanzen, zum Beispiel einjährige Blumen. Vor der Samenbildung geschnittenes, getrocknetes Gras eignet sich gut für mehrjährige Pflanzen.

- **Wirkungsdauer:** etwa ein bis sechs Monate, je nach Stärke und Trockengrad.
- **Vorteile:** Rasenschnitt zersetzt sich rasch und setzt dabei Stickstoff frei, den Jungpflanzen so dringend benötigen. Er ist von März bis November im Garten verfügbar.
- **Nachteile:** Ist er zu feucht oder zu fein und die Schicht zu dick, verfestigt sich Rasenschnitt rasch und beginnt zu faulen. Dies kann zu unterschiedlichen Problemen führen, unter anderem zu Übersäuerung. Eventuell sind im Mulch Samen vorhanden. Langfristig kann Rasenschnitt stickstoffliebende Pflanzen anziehen (Brennnessel, Taubnessel, Gänsefuß etc.).
- **Empfehlungen:**

– Halten Sie die Mulchschicht etwa 2 cm dünn, damit sie schnell an der Sonne trocknet. Sie bleibt so etwa zwei Monate bestehen, wodurch sie sich gut für Gartengemüse und die Blumenzucht eignet.

– Tragen Sie die Mulchschicht nur dann mehr als 2 cm dick auf, wenn Sie trockenes Schnittgut verwenden (die Trocknung benötigt einige Stunden bis Tage, je nach Wetter).

– Greifen Sie zu älterem Schnittgut (fast schon Heu), dieses ist dicker, weniger feucht und neigt weniger zur Fermentation.

– Verwenden Sie nur Rasenschnitt ohne Samen.

Laub

Laub eignet sich für ausdauernde, langlebige Kulturen. Es ist die natürlichste Mulchdecke für Sträucher, Bäume oder mehrjährige Pflanzen auf schattigen oder halbschattigen Plätzen.

- **Wirkungsdauer:** sechs Monate bis zwei Jahre, je nach Blattstruktur, Dicke und Klima.
- **Vorteile:** Laub ist der beste Mulch. Wenn es sich zersetzt, produziert es einen hervorragenden Humus und setzt viele Mineralstoffe frei (die weichen Blätter z. B. Stickstoff, Kalzium, Phosphor etc.). Blätter, die sich beim Trocknen einrollen, bieten Nützlingen den besten Schutz.

Häckseln Sie große Blätter mit dem Rasenmäher – so lassen diese sich einfacher verteilen und halten dem Wind besser stand.

Nachteile: Wie lange die Mulchdecke wirkungsvollen Schutz bietet, hängt stark von der Art der Blätter ab. Manche Blätter können Krankheiten oder Schädlinge beherbergen (Apfelbaum, Wein, Kastanie etc.). Bei Wind werden die Blätter verweht.

Empfehlungen:

– Verwenden Sie, wenn möglich, die dicken, kräftigen Blätter, die sich nur langsam zersetzen (Platane, Spitzahorn, Eiche, Amberbaum, Lorbeerkirsche, Echter Lorbeer, Stechpalme, Efeu, Nadelbäume, Kastanie etc.) für die ausdauernden Pflanzen.

– Mulchen Sie kurzlebige Kulturen (zweijährige Herbstblumen, Abdecken des Bodens im Herbst/Winter) mit weichen Blättern, die sich rasch zersetzen (Hasel, Linde, Hainbuche, Erle, Birke, Robinie, Schwarze Johannisbeere, Schneeball, Holunder, Obstbäume, Pappel, Nussbaum etc.).

– Verwenden Sie kranke Blätter (Obstbäume etc.) zum Mulchen von Pflanzen, die mehr als 20 m entfernt liegen. So reduzieren Sie das Risiko einer Wiederansteckung. Häckseln Sie die Blätter, um ihre Zersetzung zu erleichtern.

– Häckseln Sie in windreichen Gegenden die Blätter mit dem Rasenmäher oder legen Sie flache Äste über das Beet.

Keine Gefahr mit Walnusslaub

Blätter von Walnussbäumen enthalten den Farbstoff Juglon, der das Pflanzenwachstum hemmt. Es genügt, das Laub vor dem Mulchen drei bis vier Wochen zu lagern, damit der Stoff auf natürliche Weise abgebaut wird. Walnusslaub zersetzt sich rasch.

Um trockene Stängel und Pflanzenreste als Mulch zu verwenden, schneiden Sie sie oder legen Sie sie am Rasen auf und zerhacken Sie sie so mit dem Rasenmäher.

Trockene Stängel und Pflanzenreste

Im Garten fällt viel solches Material an. Ein Großteil davon kann als nahrhafter Mulch zum Einsatz kommen – für Kulturen von kurzer Dauer ideal.

- **Wirkungsdauer:** einige Wochen bis Monate, je nach Stärke und Klima.
- **Vorteile:** Trockenes Pflanzenmaterial ist reichlich zur Hand. Es lässt sich einfach mit dem Rasenmäher zerkleinern.
- **Nachteile:** Im Mulch vorhandene Samen können zu Vermehrung führen.

Jährlicher Hecken- und Strauchschnitt

Beim alljährlichen Heckenschnitt fällt viel junges, weiches Reisig an, das voll ist von Saft und sich einfach zerhäckseln und zersetzen lässt. Für Kulturen von mittlerer Dauer, Blumen und ausdauernde Pflanzen ist es ein ideales Mulchmaterial.

Rosenstrauch auf einem Mulchbett aus Thujenästen, mit dem Rasenmäher zerhäckselt

Werfen Sie nichts weg – außer vorgefasste Meinungen! Ohne Probleme können verwendet werden: Lorbeerkirsche (= Kirschlorbeer), Portugiesischer Kirschlorbeer, Echter Lorbeer, Oleander, Glanzmispel, Escallonia, Liguster, Zwergmispel, Heckenkirsche, Berberitze, Feuerdorn (Vorsicht vor den Stacheln!), Aukube (= Goldorange). Ebenso zum Einsatz kommen kann Schnittgut von Rosensträuchern, die jedes Jahr geschnitten werden, von Ziersträuchern, die am Ende der Blütezeit zu schneiden sind (Spierstrauch, Forsythie), und von Ziersträuchern, die jeden Winter sehr kurz geschnitten werden (Säckelblume ...). Sogar mit Thujenschnitt kann gemulcht werden, auch im Gemüsegarten – hier besteht keine Gefahr einer Übersäuerung, sofern Sie sie nicht immer an demselben Ort ausbringen. Besonders effektiv ist dieses Material gegen Unkraut!

- **Wirkungsdauer:** sechs Monate (Forsynthie) bis zwei Jahre (Nadelholz) je nach Strauch, Stärke und Klima.
- **Vorteile:** Hecken- oder Strauchschnitt ist reich an Nährstoffen, Zellulose und Lignin, einer Humusquelle. Er lässt sich einfach mit dem Rasenmäher zerkleinern.
- **Nachteile:** Die Äste sind manchmal lang und lassen sich so schwer verwenden.
- **Empfehlungen:** Zerhacken Sie den Schnitt mit einem Rasenmäher. Die grünen Teile werden rasch zersetzt und setzen dabei Nährstoffe frei. Die holzigen Teile brauchen länger und werden zu Humus.

Häcksel aus Ästen

Äste, die beim Schneiden von Bäumen, Zier- oder Obststräuchern anfallen, können gehäckselt als Mulch verwendet werden. Sie eignen sich für ausdauernde Pflanzen, nicht aber für einjährige.

- **Wirkungsdauer:** ein bis drei Jahre (Nadelholz), je nach Art, Alter und Dicke des Holzes und je nach Klima.

Häcksel aus Ästen

- **Vorteile:** Häcksel sind einfach zu verteilen. Bei der Zersetzung werden sie zu Humus.
- **Nachteile:** Für die Herstellung des Mulchs wird ein Häcksler benötigt. Für seine Zersetzung kann das Material Stickstoff benötigen, der den stickstoffliebenden Pflanzen im Boden dadurch entzogen wird. Manche Holzarten mit einem hohen Gerbstoff- (= Tannin-) oder Harzgehalt (Kastanie, Eiche, Nadelholz etc.) können frisch gehäckselt auf Pflanzen einen wachstumshemmenden Effekt haben. Auf schweren Böden scheinen Holzhäcksel die Ansiedelung von Windengewächsen und Disteln zu fördern.
- **Empfehlungen:** Wenden Sie dieses Mulchmaterial nur auf ausdauernde Pflanzen mit langsamem Wachstum an: Bäume, Sträucher, mehrjährige Pflanzen, eventuell Rosensträucher. Lassen Sie tanninhaltiges Holz und Nadelholz einige Monate aufgestapelt liegen, bevor Sie es als Mulch verwenden. Führen Sie ein wenig Kompost oder stickstoffhaltigen organischen Dünger zu, falls im Boden ein Stickstoffbedarf entsteht (Gelbfärbung der Blätter).

Kartons

Kartons halten das Sonnenlicht vom Boden fern. Sie eignen sich daher sehr gut, wenn Pflanzen, die sich bereits angesiedelt haben, zerstört oder das Aufkeimen von neuen Pflanzen verhindert werden soll. Das Abdecken des Bodens mit Kartons ist ein hervorragendes Mittel, um Unkraut zu vernichten und die Erde im Zier- oder Gemüsegarten auf eine Bepflanzung vorzubereiten (siehe S. 87) – allerdings müssen dafür sechs Monate Zeit sein.

- **Wirkungsdauer:** ein bis sechs Monate, je nach Dicke.
- **Vorteile:** Kartons sind kostenlos und einfach zur Hand.
- **Nachteile:** Heftklammern, Klebeband oder Kunststoffelemente könnten vorhanden sein; Kartons sind nicht sehr ansehnlich.
- **Empfehlungen:** Entfernen Sie vor der Verwendung Klammern und Klebeband. Decken Sie die Kartons mit einer Schicht aus organischem Mulch ab. Vermeiden Sie Kartons in schrillen Farben aus chemischer Erzeugung.

Farnkraut, Stroh, Kiefernnadeln, Bambus ...

Verwenden Sie zum Mulchen Ihres Gartens alle möglichen Ressourcen. Wie in der Natur werden sie nach und nach zersetzt werden.

- **Farnkraut** ist ein ausgezeichnetes Mulchmaterial. Es ist einfacher zu verteilen, wenn es mit dem Rasenmäher zerteilt wird. Farnkraut hat eine kurze Haltbarkeitsdauer (sechs Monate).
- **Stroh** hält als Mulchmaterial länger, je nach Dicke sechs Monate bis ein Jahr, kann aber zu einem Nachwachsen von Getreide führen.
- **Kiefernnadeln** sind ideal für Moorbeetpflanzen (das ist ihr natürliches Milieu), etwa die Erdbeere oder die Heidelbeere. Es handelt sich um ein lange haltendes Mulchmaterial (ein bis zwei Jahre).

Ein Mulch aus Kiefernnadeln wird von Moorbeetpflanzen sehr geschätzt.

- **Bambusblätter**, mit dem Rasenmäher zerkleinert, sind als Mulch überall gut geeignet. Sie halten lange, etwa sechs Monate bis ein Jahr.

Fallen in Ihrem Garten und rundherum noch andere Pflanzenreste an? Starten Sie einen Versuch und verwenden Sie sie zum Mulchen – Sie werden erkennen, welches Material sich wofür am besten eignet. Werfen Sie aber nichts weg, denn um unerwünschte Pflanzen am Wachsen zu hindern, ist jedes Material geeignet.

Vorbeugen: Konkurrenz durch Bodendecker

Zusätzlich zum Mulchen kann auch diese Strategie verwendet werden, um die Erde bedeckt zu halten und die Ansiedelung unerwünschter Pflanzen zu verhindern.

✻ Die richtige Qualität

- Bodendecker sind mehrjährige Pflanzen, die den Boden durch ihre Wurzeln oder Blätter (immergrün oder nicht) abdecken. Sie besetzen eine Fläche und bieten so unerwünschten Pflanzen keine Möglichkeit sich anzusiedeln – und das das ganze Jahr über und ohne Phasen der Schwäche. Manche Bodendecker schaffen es sogar, bereits vorhandenes Unkraut auszumerzen.
- Es handelt sich um langlebige, ursprüngliche Pflanzen, die gegenüber Kälte und Trockenheit eine hohe Widerstandskraft besitzen und kaum krank werden. Auch als Zier für den Garten eignen sie sich gut.
- Bodendecker müssen mit sehr wenig Pflege auskommen. Der Gärtner pflanzt sie an, um sich damit die Arbeit des Unkrautjätens – und der Pflanzenpflege – zu ersparen.
- Bodendecker sind keine Pflanzen, die leicht überhandnehmen – außer Sie setzen sie auf mehreren Dutzend Quadratmetern.

Bei einer genaueren Betrachtung fällt auf, dass viele Pflanzen, die gemeinhin als Bodendecker bezeichnet werden, nicht die erforderlichen Kriterien erfüllen: Sie breiten sich zwar über dem Boden aus, decken ihn aber nicht vollständig ab. Viele Pflanzen sind für diesen Zweck nicht beständig und pflegeleicht genug. Auf den nachfolgenden Seiten finden Sie eine Auflistung der besten Bodendeckerpflanzen, beurteilt nach 20 Jahren Erfahrung.

Hinzuzufügen wären: die Pfirsichblättrige Glockenblume, die Böden mit guter Erde sehr effizient abdeckt, Kleingehölze wie die Schneeheide, die Kriechmispel 'Skogholm', die Kriechspindel, die Niedrige Purpurbeere 'Hancock' (für große Flächen), das Immergrün (überhandnehmend, für große Flächen geeignet).

✻ Wo Bodendecker säen?

Bodendecker können gepflanzt werden: am Fuße von Beeten, unter Bäumen, am Rande von Hecken, auf Böschungen, als Ersatz für einen Rasen, der nur schwer gedeiht.

✻ Wie vorgehen?

Gehen Sie vor wie bei anderen Pflanzen:

- Bearbeiten Sie vor der Saat den Boden gut vor.
- Entfernen Sie alle Wurzeln und Pflanzen aus der Erde (sorgfältiges Jäten).
- Führen Sie ein wenig Kompost zu, um die Pflanzen zu Beginn mit genügend Nährstoffen zu versorgen.
- Pflegen Sie die Jungpflanzen.
- Tragen Sie auf den Boden zwischen den Pflanzen zwei bis drei Jahre lang eine Mulchschicht auf, bis die Pflanzen sich verbunden haben.

Die besten mehrjährigen Bodendecker

Filziges Hornkraut (*Cerastium tomentosum*)

- Sonne
- Trockener, kühler Boden
- Blütezeit: Juni bis August
- Wuchshöhe: 10 bis 20 cm
- Durchmesser: unbestimmt
- Pflanzabstand: 40 cm

Auf sehr guter Erde kann es überhandnehmen.

Wo säen? Ideal an kleinen Mauern, Plattenbelägen, Mauerrändern oder Rändern von Beeten an der Sonne. Mit seinen gräulichen Blättern und seinen weißen Blüten passt es optisch an jeden Ort.

Kriechender Beinwell (*Symphytum grandiflorum oder ibericum*)

- Sonne, Halbschatten
- Trockener, kühler, feuchter Boden
- Fast immergrüne Beblattung; Blütezeit: Februar bis Mai
- Wuchshöhe: 10 bis 20 cm
- Durchmesser: unbestimmt
- Pflanzabstand: 40 cm

Mit seinen rauen, fast immergrünen Blättern bedeckt der Kriechende Beinwell die Erde. Er legt sich langsam, aber dicht über den Boden, ohne dabei überhandzunehmen: Seine Rhizome liegen sehr nahe an der Bodenoberfläche, wodurch er sich einfach ausreißen lässt.

Der Kriechende Beinwell ist eine widerstandsfähige Pflanze, die schwere, tonhaltige Böden aushält, Trockenheit standhält und wenig Pflege bedarf. Zur Blütezeit von Februar bis Mai bietet er Hummeln eine Nahrungsquelle.

Wo säen? Unter Einzelbäumen, Sträuchern, am Rande von Hecken und unter hohen mehrjährigen Pflanzen.

Elfenblume (*Epimedium*)

- Schatten, Halbschatten
- Trockener, kühler, feuchter Boden
- Immergrün; Blütezeit: April bis Mai
- Wuchshöhe: 20 bis 50 cm
- Durchmesser: unbestimmt
- Pflanzabstand: 40 bis 50 cm

Wie eine Decke legt sich die Elfenblume über Bodenflächen. Im Frühling sorgt ihr hellgrünes Blattkleid für optische Reize im Garten, dem Winter hält es stand. Die Elfenblume wächst langsam. Empfehlenswert sind folgende Sorten: 'Sulphureum' (schwefelgelbe Blüten), 'Frohnleiten' (gelb), *Epimedium* x *rubrum* (rot).

Wo säen? Unter Sträuchern, großen mehrjährigen Pflanzen. Die Elfenblume ist einer der besten Bodendecker unter Einzelbäumen oder Baumgruppen.

Balkan-Storchschnabel (*Geranium macrorrhizum*)

- Sonne, Schatten, Halbschatten
- Trockener, kühler Boden
- Duftende, immergrüne Beblattung;
Blütezeit: Mai bis Juli
- Wuchshöhe: 30 cm
- Durchmesser: unbestimmt
- Pflanzabstand: 30 bis 40 cm

Der Balkan-Storchschnabel besitzt dicke Rhizome, die nah an der Bodenoberfläche liegen und sich langsam ausbreiten. Stört er an einem Ort, lässt er sich daher ganz einfach ausreißen. Er erträgt karge, trockene, nährstoffarme Böden und gedeiht sowohl auf schattigen als auch auf sonnigen (jedoch nicht brennend heißen) Plätzen. Es gibt Varietäten mit unterschiedlichen Blütenfarben: weiß, rosa etc.

Wo säen? Überall, ideal unter Bäumen.

Blutroter Storchschnabel (*G. sanguineum*)

- Sonne, Halbschatten
- Trockener, kühler Boden
- Laubabwerfend; Blütezeit: Mai bis Juni und September
- Wuchshöhe: 30 cm
- Durchmesser: 30 bis 40 cm
- Pflanzabstand: 30 cm

Der Blutrote Storchschnabel breitet sich mit seinen kleinen, verzweigten Rhizomen und seinen niederliegenden Stängeln einfach über den Boden aus. Trockenheit und brennendes Sonnenlicht können ihm nicht viel anhaben – er vermehrt sich überall.

Wo säen? Ideal an Terrassenrändern, am Rande von Beeten mit sonnenliebenden Sträuchern oder am oberen Rand kleiner Mauern.

Hier abgebildet mit einem Ochsenauge (*Buphtalmum salicifolium*) (links).

Gefleckte Taubnessel (*Lamium maculatum*)

- Halbschatten, lichter Schatten
- Kühler Boden
- Laubabwerfend; Blütezeit: April bis Juni
- Wuchshöhe: 30 cm
- Durchmesser: unbestimmt
- Pflanzabstand: 40 bis 50 cm

Auf kühlen Böden hält die Gefleckte Taubnessel Sonneneinstrahlung gut stand. Sie nimmt kaum überhand. Es gibt zahlreiche Varietäten mit unterschiedlichen Blütenfarben: weiß gefleckt, rosafarben, weiß etc. Die Varietäten mit weißer oder gelber Beblätterung sind ideal, um dunkle Plätze aufzuhellen.

Wo säen? Sehr gut geeignet am Fuße von Hecken, unter Bäumen, am Rande von Strauchbeeten oder Beeten mit mehrjährigen Pflanzen.

Vorsicht! Nicht zu verwechseln mit der Gewöhnlichen Goldnessel (*Lamiastrum galeobdolon*), die gelbe Blüten trägt. Diese breitet sich sehr rasch aus und vermehrt sich überall.

Gemeiner Efeu (*Hedera helix*)

- Schatten, Halbschatten und Licht
- Trockener, kühler, feuchter Boden
- Immergrün; trägt als Bodendecker keine Blüten
- Wuchshöhe: 15 bis 30 cm
- Durchmesser: unbestimmt
- Pflanzabstand: 50 cm

Der Efeu ist der beste Bodendecker, neigt aber auf fruchtbaren Böden zum Wuchern. Der Efeu legt sich wie ein dichter Teppich über den Boden und bedeckt auch die kleinsten Flächen. Er gedeiht auf humusreichen, nicht zu trockenen Böden. Nützlingen des Gartens bietet er einen optimalen Unterschlupf. Manche Efeuarten, die sich weniger stark ausbreiten, eignen sich gut für kleine Flächen, etwa 'Ivalace' oder 'Shamrock'.

Wo säen? Zwischen Bäumen und Sträuchern, am Fuße von Hecken, auf humusreichen Böden, die bei Sonneneinstrahlung nicht austrocknen. Pflanzen Sie ihn aber besser nicht an Mauerränder oder in Beete für mehrjährige Pflanzen.

Oregano (*Origanum vulgare*)

- Sonne, Halbschatten
- Trockener, kühler Boden
- Immergrün; Blütezeit im Sommer
- Wuchshöhe: 5 bis 30 cm
- Durchmesser: unbestimmt
- Pflanzabstand: 50 cm

Am bekanntesten sind die Varietät 'Compactum' und die goldblättrigen Varietäten ('Thumble's Variety', 'Aureum' etc.), die im Frühling hübsche, dichte, hellgrüne Blätterkissen bilden, die sich später gelb färben. Die Blätterbüschel sitzen auf aufrechten Stängeln und nehmen den Platz gut ein. Die gold gefärbten Blätter bevorzugen Halbschatten und halten auch Sonne aus, wenn diese nicht zu heiß ist. Oregano hält Trockenheit gut stand. Er besitzt ein ausgeprägtes Aroma und trägt im Sommer rosa gefärbte Blüten, die Nützlinge anlocken.

Wo säen? Zwischen hochwachsenden mehrjährigen Pflanzen, zwischen Rosensträuchern, auf einer sonnenbeschienenen Böschung etc.

Dickmännchen (*Pachysandra terminalis*)

- Halbschatten, Schatten
- Trockener, kühler Boden
- Blütezeit: April (dezent)
- Wuchshöhe: 20 cm
- Durchmesser: unbestimmt
- Pflanzabstand: 30 cm

Das Dickmännchen siedelt sich sehr langsam an und breitet sich über Ausläufer auch bei schwierigsten Bedingungen aus. Seine immergrünen glänzenden Blätter beleben auch sehr schattige Winkel des Gartens. Das Dickmännchen bevorzugt humusreiche, kühle Böden, hält aber die unterschiedlichsten Böden aus, auch trockene. Nur feuchte Böden erträgt es nicht.

Wo säen? Ideal unter Bäumen und in Strauchbeeten.

Russel-Brandkraut (*Phlomis russeliana*)

- Sonne
- Trockener, kühler Boden
- Immergrün; Blütezeit: Mai bis Juni
- Wuchhöhe: 20 cm (in der Blütezeit 80 cm)
- Durchmesser: unbestimmt
- Pflanzabstand: 30 cm

Das Russel-Brandkraut kann sich stark vermehren, besonders durch Selbstaussaat. Seine Blätter sind gräulich gefärbt und haben eine raue Oberfläche, die gelben Blüten besitzen ein sehr eigentümliches Aussehen. Schneiden Sie die Blüten am Ende der Blütezeit ab. Als Bodendecker ist es mit Vorsicht zu genießen, da es für die Pflanzen im Umfeld zu einer starken Konkurrenz werden kann.

Wo säen? Ausgezeichnet auf trockenen Böden, auf trockenen Böschungen, an der Südseite einer Mauer etc.

Elfenblume

Filziges Hornkraut

Balkan-Storchschnabel

Kriechender Beinwell

Blutroter Storchschnabel

Purpurrote Taubnessel

Gemeiner Efeu

Dickmännchen

Vorbeugen: Pflanzen richtig anordnen

Setzen Sie Ihre Pflanzen nicht isoliert an einen Ort oder in Reihen aneinander, vermeiden Sie zu große Abstände zwischen den Pflanzen. Denn nur zu gerne machen es sich unerwünschte Pflanzen in sonnenbeschienenen Zwischenräumen gemütlich und breiten sich dort aus.
Ordnen Sie die Pflanzen stattdessen wie Puzzlesteine in- und übereinander an, ohne sie dabei jedoch allzu nah aneinander zu setzen. Bilden Sie drei Ebenen: eine erste Ebene mit niedrigen Pflanzen, eventuell Bodendeckern, die an Beete mit mittelhohen mehrjährigen Pflanzen oder Sträuchern (zweite Ebene) grenzen. Die dritte Ebene bilden höhere mehrjährige, strauchartige Pflanzen. Lassen Sie am Fuße von Bäumen oder am Rande von Hecken ruhig wie auf einer wilden Blumenwiese das Gras wachsen (siehe S. 12).

Beim Strauchschnitt: Lassen Sie die unteren Äste stehen!

Die unteren Äste von Sträuchern bedecken die Erde und schirmen sie so vom Sonnenlicht ab, das den Unkrautwuchs befördert. Bei starkem Wind halten sie die Mulchschicht auf dem Boden. Lassen Sie beim Zurechtschneiden von Sträuchern und Hecken daher immer die unteren Äste stehen, sodass die Basis breiter ist als der obere Teil. Achten Sie jedoch darauf, dass die Äste bei Bodenkontakt keine neuen Wurzeln bilden (Absenker).

Pflanzen ineinandersetzen: Gemulchter Boden, die Schneeheide als Bodendecker, dichte Sträucher (Hortensie etc.) in der mittleren und Bäume in der höchsten Ebene. Unerwünschte Pflanzen finden hier weder Platz noch Licht – wenig Möglichkeit, sich niederzulassen!

Unkrautbekämpfung im Gemüsegarten

- Mittel zur Bekämpfung
- Vorbeugen: Den Garten richtig organisieren
- Vorbeugen: Mulchen
- Vorbeugen: Konkurrenz durch Gründünger

Mittel zur Bekämpfung

Im Gemüsegarten findet eine intensive Bewirtschaftung des Bodens statt: Hier werden aus selektierten Pflanzen qualitativ hochwertige Lebensmittel in hohen Ertragsmengen produziert. So ist es, seit der Mensch Wildpflanzen zu domestizieren begann. Die Folge: Die Pflanzen im Gemüsegarten sind empfindlicher und halten der Konkurrenz von „spontanen Gästen", mit denen sie um Licht, Wasser und Nährstoffe wetteifern müssen, schlechter stand. Deswegen benötigen sie besondere Unterstützung – der Wuchs konkurrierender Pflanzen muss streng kontrolliert werden. Lernen wir aber, Gefahren richtig einzuschätzen: Auf junge Sämlinge kann Unkrautwuchs fatale Auswirkungen haben, bei gut etablierten Kulturen ist dieses Risiko wesentlich geringer.

Als Gärtner steht Ihnen eine breite Palette an Möglichkeiten offen:

- Bekämpfen: Wenn unerwünschte Pflanzen sich trotz vorbeugender Maßnahmen den Weg ins Gemüsebeet gebahnt haben, können sie mechanisch oder manuell entfernt werden.
- Vorbeugen: Unkrautwuchs kann vorgebeugt werden. Am einfachsten lassen sich Pflanzen entfernen, die gar nicht erst gewachsen sind!

Im Kampf gegen unerwünschte Pflanzen ergänzen diese Methoden einander. Sie funktionieren einfach und schnell – wichtig ist nur, dass Sie vorausschauend handeln und rechtzeitig mit geeigneten Mitteln vorbeugen. Wenn Sie erst dann gegen das Unkraut ankämpfen, wenn es im Gemüsegarten bereits in voller Blüte steht, dann werden Sie sehr bald erschöpft sein, vielleicht sogar aufgeben. Das wäre schade – einen Gemüsegarten zu bestellen ist nämlich weder schwierig noch anstrengend! Beginnen Sie so früh wie möglich, vielleicht sogar schon vor der ersten Bepflanzung (Falsches Saatbett, siehe S. 18).

Ersparen Sie sich mühevolle Jät-Nachmittage – beugen Sie lieber zur rechten Zeit wirksam vor, zum Beispiel, indem Sie ein Falsches Saatbett anlegen.

Reißen Sie Büschel mit Hilfe einer Grabegabel aus.

Pendelhacke mit unbeweglicher Klinge – sehr wirksam gegen junge Unkrautpflänzchen

Hacke

* Unkrautvernichtung von Hand

Achten Sie darauf, dass das Unkraut nicht zu dicht oder zu hoch wird, bevor Sie es jäten. So einfach sich junge Pflänzchen ausreißen lassen, so mühevoll wird es, sie zu entfernen, wenn sie größer sind.

Grabegabel oder Rosengabel

Die Grabegabel eignet sich zum Ausreißen tiefer oder stark verzweigter Wurzeln, etwa von Ampfer, Löwenzahn, Greiskraut, Quecke, Kriechendem Hahnenfuß, Kriechendem Fingerkraut etc. Drücken Sie die Zähne der Gabel am Rande der Pflanze in den Boden und heben Sie sie aus. Ziehen Sie gleichzeitig an der Pflanze, um sie mitsamt ihres Wurzelwerks auszureißen. Eine einfache Arbeit, wenn der Boden nicht zu feucht oder zu trocken ist.

Pendelhacke mit festsitzender oder beweglicher Klinge

Die Pendelhacke ist meiner Meinung nach das praktischste, effizienteste und in der Handhabung müheloseste aller Gartengeräte, wenn vor dem Mulchen die Reihen zwischen jungen Gemüsepflanzen gejätet werden müssen oder es ans Abschneiden junger Unkrautpflänzchen geht (etwa beim Falschen Saatbett – siehe S. 18). Die Klinge muss regelmäßig geschliffen und gereinigt werden. Jungpflanzen können mit der Pendelhacke rasch beseitigt werden: Drei Minuten dauert es, einen Streifen von 6 m Länge und 50 cm Breite zu jäten, sofern die Pflanzen in geraden Reihen gesät wurden (siehe S. 95).
Die Pendelhacke mit festsitzender Klinge wird in einer Vorwärtsbewegung angewendet. Die Pendelhacke mit beweglicher Klinge kann nach vor und nach hinten bewegt werden – Geübte arbeiten damit schneller.

Schuffel

Die Hacke wird mit ihrer geraden, scharfen Kante flach an den Boden gedrückt, sodass die Pflanzen direkt am Stängelansatz abgeschnitten werden. Die Schuffel ist sehr nützlich, wenn Unkraut unter großem Gemüse (Kohl, Kopfsalat, Feldsalat, Endivien etc.) oder zwischen Zwiebelreihen entfernt werden soll.

Die Jäthacke „Pic Bine“

Ein unwillkommener Löwenzahn wird mit dem Unkrautmesser entfernt.

Jäthacke

Eine Jäthacke ist das am schwierigsten zu handhabende Gartenins-trument, besonders, wenn sie sehr leicht ist. Sie eignet sich gut, um entwickelte Pflanzen an ihrer Basis abzuschneiden. Auf gemulchtem, weichem Boden ist es einfacher, unerwünschte Pflanzen mit der Hand auszureißen, verwenden Sie zur Unterstützung falls nötig eine Grabegabel.

Die Jäthacke „Binette DuoPro“

Dieses Gerät der Marke Leborgne (erhältlich z. B. auf amazon.fr) hat ein Kopfteil mit vier verwendbaren Seiten, drei davon schneiden. Es ist einfach zu handhaben (die Hacke wird angehoben und dann fallen gelassen, sodass sie die Pflanzen abschneidet), effizient und kraftsparend. Die Seite mit den Zähnen wird verwendet, um abgeschnittene Gräser wegzurechen. Mit den Breitseiten und den spitzen Ecken lässt sich verkrustete Erde auflockern.

Die Jäthacke „Pic Bine“

Die „Pic Bine“ von der Firma Avril Industrie (erhältlich z. B. auf avrilindustrie.com) ist eine Jäthacke aus gehärtetem Schmiedestahl. Sie besitzt eine lange, sehr robuste Klinge mit drei schneidenden Seiten, mit der der Gärtner bis an den Rand der Pflanzenreihen und zum Teil sogar unter die Gemüsepflanzen (Salat, Kohl etc.) oder an den Boden unter mehrjährigen Pflanzen oder Sträuchern gelangt. Die Hacke eignet sich auch sehr gut, um Unkraut entlang von Steinrändern und Mauern oder aus Zwischenräumen von Pflastersteinen etc. zu entfernen.

Unkrautmesser

Mit dem Unkrautmesser können im Gemüsegarten unerwünschte Pflanzen direkt an Gemüsepflanzen entfernt werden.

Was tun mit entferntem Unkraut?

Werfen Sie die samentragenden Teile unter ein dichtes Gebüsch – dort verrotten sie. Oberirdische Pflanzenteile und Wurzeln von nicht mehrjährigen Pflanzen kommen auf den Komposthaufen. Wurzeln von mehrjährigen oder Pflanzen, die sich leicht vermehren (Vogelmiere, Quecke, Löwenzahn etc.), lassen Sie in der prallen Sonne auf einer harten Oberfläche liegen, sodass sie vertrocknen, bevor sie auf den Kompost kommen.

Vorbeugen: Den Garten richtig organisieren

Einige Möglichkeiten Unkraut vorzubeugen wurden in Kapitel eins dieses Buches bereits vorgestellt. Besonders fur den Gemusegarten eignen sie sich sehr gut:

– das Falsche Saatbett (siehe S. 18);
– kurzzeitiges Abdecken (siehe S. 19);
– längerfristiges Abdecken (siehe S. 17) bei Befall durch sehr hartnäckiges Unkraut (Quecke etc.).

Vergessen Sie nicht auf die Fruchtfolge!
Achten Sie beim Fruchtwechsel besonders darauf, zwischendurch „reinigende" Kulturen anzubauen. Das sind in der Regel Hackfrüchte oder Pflanzen, die angehäufelt werden müssen, etwa Kartoffeln, Kohl oder Lauch (Porree). Für Kulturen, die zu Unkrautbefall neigen (Karotten, Rüben, Pastinaken, Spinat, Zwiebeln etc.) sind diese Pflanzen ideale Vorgänger.

Begrünter Gartengang, saubere Ränder, gemulchter Boden – dem Unkraut blüht hier sprichwörtlich Böses!

Deutlich abgegrenzte Gemüsebeete lassen sich einfacher bearbeiten und mulchen.

✻ Jäten leicht gemacht: Den Gemüsegarten richtig organisieren

Ein deutlich definierter Gemüsegarten in einem gepflegten Umfeld ist viel einfacher von Unkraut zu befreien und vor Schädlingen zu schützen als ein Gemüsebeet ohne klare Grenzen in einer wilden Umgebung, zum Beispiel in einer Wiese oder inmitten von Brachland.

- **Gartengänge sauber halten:** Pflegen Sie Ihre Gartengänge – vermeiden Sie, dass auf ihnen Gräser wachsen, die nach und nach auf die kultivierten Teile des Gemüsegartens übergehen. Gartengänge können begrünt (siehe S. 30), gemulcht (siehe S. 32), mit Pflastersteinen versehen (siehe S. 33) oder ihr Rand kann mit abgrenzenden Elementen definiert werden.
- **Kulturen in Reihen oder Rechtecken anbauen:** Die traditionelle Methode, Kulturen in rechteckigen Strukturen, in Reihen im Abstand von 50 bis 60 cm oder in Parzellen (1,20 m Länge) anzubauen, hat

Kulturpflanzen, reihenweise in einem abgegrenzten Bereich gesät – hier lässt sich Unkraut einfach jäten.

sich bewährt – Unkraut lässt sich so am einfachsten jäten, der Boden gut mulchen. Ein Gartenplan hilft bei der Organisation und ermöglicht eine bessere Planung von Anbau und Jätmethoden (z. B. Falsches Saatbett, siehe S. 18).

Vorsicht bei Hochbeeten aus Holzgeflecht: Wenn Sie ein Hochbeet anlegen möchten, vor allem wegen der besseren Dränage, dann verwenden Sie für die Wände am besten Holzbretter. Vermeiden Sie den Einsatz von Holzgeflechten (z. B. Weide oder Kastanie) – unerwünschte Gräser siedeln sich darin nur allzu gerne an, das Jäten ist dort allerdings sehr schwierig. Wenn Sie auf Wänden aus Flechtwerk bestehen, dann beschichten Sie sie mit einer Kunststoff- oder Geotextilfolie, sodass kein Kontakt zur Erde besteht.

✻ Den Boden sorgsam bearbeiten

Keine Motorhacke auf befallenem Boden

Wenn sich im Gemüsegarten unerwünschte Pflanzen mit mehrjährigen Wurzeln breitgemacht haben (Quecke, Winde, Sauerklee, Ampfer etc.), vermeiden Sie den Einsatz von rotierenden Geräten zur Bodenbearbeitung, etwa Motorhacken oder -fräsen. Die Scheiben oder Klingen solcher Werkzeuge zerkleinern die Wurzeln tausendfach, die sogleich zu Ablegern werden und sich wieder vermehren. Ein bis zwei Jahre später ist Ihr Garten komplett von Unkraut befallen.

Besser ist es, die Erde sorgsam mit einer Grabegabel, eventuell auch mit einer Biogabel, zu zerkrümeln, ohne sie dabei jedoch umzudrehen. Ziehen Sie dann unerwünschte Gräser mit möglichst vielen ihrer Wurzeln aus dem Boden, soweit dieser es zulässt.

Wurzeln an die Oberfläche holen

Wenn Sie die Erde aufgelockert haben, greifen Sie zu einem Gerät mit feinen Zähnen, etwa einem Krail oder Kultivator, um noch im Boden versteckte Wurzelreste an die Oberfläche zu holen, damit diese nicht später neu austreiben. Wiederholen Sie den Vorgang mehrmals im Abstand von mehreren Tagen, damit Unkrautwuchs optimal vorgebeugt ist.

Pflanzen, die aus einem Geflecht aus Holz hervorkriechen, sind schwierig zu beseitigen.

Von unerwünschten Pflanzen befallener Boden wird mit der Grabegabel gelockert, Unkraut ausgerissen.

Der Krail ist das ideale Werkzeug, um Wurzeln aus dem Boden an die Oberfläche zu holen.

Sämlinge in Kunststofftöpfen

Angezüchtete Gemüsepflänzchen in die Erde setzen

* Unerwünschten Konkurrenten die Zeit stehlen: Gemüsepflanzen anzüchten

Wo es möglich ist, können Gemüsepflanzen, die ein Umsetzen vertragen, in kleinen Blumentöpfen oder Saatschalen angezüchtet werden. Pflanzen, besonders jene, die früh im Jahr schon gedeihen, gewinnen so Zeit, sich ohne Bedrohung durch Unkraut zu entwickeln. Zum Anzüchten geeignete Gemüsesorten sind Lauch (Porree), Kohl, Kopfsalat, Endivie etc.
Während die Samen aufkeimen und in ihrem Topf oder in der Schale heranwachsen, haben Sie Zeit, im Gemüsebeet dem Unkrautwuchs vorzubeugen, zum Beispiel indem Sie ein Falsches Saatbett anlegen (siehe S. 18) oder die Abdecktechnik anwenden (siehe S. 17). Wenn Sie die Pflanzen dann ins Gemüsebeet setzen, wird der Großteil der unerwünschten Gräser bereits beseitigt sein.
Wenn Sie die Abdecktechnik angewendet haben, ist die Erde zu diesem Zeitpunkt angewärmt. Die Gemüsepflanzen haben so gegenüber Unkraut und Schnecken einen Vorsprung.

* Clever säen

In geraden Reihen säen

Zwischen Pflanzen, die in schmalen, geraden Reihen stehen, lässt sich Unkraut einfach und rasch jäten: Sie bearbeiten den Gang mit der Hacke von der einen und der anderen Seite aus, immer so nah wie möglich an den Pflanzen. Wenn Sie die Pflanzen hingegen in breiten Reihen oder in Gruppen setzen, dann sind Sie gezwungen, Unkraut von Hand zu entfernen. Das braucht wesentlich mehr Zeit und ist viel anstrengender.
Um Pflanzen in geraden, feinen Reihen zu säen, brauchen Sie eine gut gespannte Schnur, eine Hacke, um eine Furche zu ziehen, und für zielgenaues Säen eventuell einen Samenverteiler.

Die „Spätzünder“ markieren

Manche Pflanzen, etwa Karotten, Pastinaken, Petersilie oder frühes Frühlingsgemüse, benötigen bis zu drei Wochen, bis ihre Samen keimen und sie sprießen. Schnell keimende Wildpflanzen wie Gewöhnliche Vogelmiere, Schaumkraut oder Gewöhnliches Hirtentäschel können sich in dieser Zeit ansiedeln, die Oberhand gewinnen und das Gemüse ersticken. Doch woher weiß der Gärtner dann, wo die Reihe mit dem Gemüse ist, das noch in der Erde schlummert?
Die Lösung: Kennzeichnen Sie die Aussaat, indem Sie entlang der Linie einige Samen einer frühen Radieschensorte aussäen. Diese treiben rasch aus und geben so an, wo sich der Gang befindet, auf dem gejätet werden muss. Nach ihrer Ernte lassen sie Platz für die Hauptkultur entstehen.

Schnur und Hacke

Aussaat in einer schmalen, geraden Linie

Karottenreihe, markiert durch Radieschenpflanzen

Vorbeugen: Mulchen

* Einige Tipps zum Mulchen

Vorgewärmte Erde

Anders als in anderen Teilen des Gartens empfiehlt es sich im Gemüsegarten zu warten, bis die Erde sich erwärmt hat. Am Winterende bleiben nicht zersetzte Mulchreste zurück – entfernen Sie sie, damit die Erde einige Wochen Zeit hat, sich zu erwärmen, bis sie neu bestellt wird.

Feuchte oder befeuchtete Erde

Es empfiehlt sich, die Erde im feuchten Zustand zu mulchen, also nach einem Regen (mehr als 20 mm) oder nachdem Sie sie befeuchtet haben (10 l/m²). Zerhacken Sie, falls nötig, die verkrustete Oberfläche (Verschlämmung), bevor Sie mulchen.

Entfernen Sie die Mulchreste vom Boden, bevor sie ihn neu bebauen.

Wenn Sie Gemüsepflanzen in trockenen Zeiten bewässern müssen, verwenden Sie die Gießkanne ohne ihren Kopf – gießen Sie nur mit dem Kannenhals die Pflanzen an ihrem Fuß, sodass das Wasser die Mulchschicht durchdringt. Bei Bewässerung durch Besprühen oder mit dem Kopf der Gießkanne besteht die Gefahr, dass das Wasser nur die Mulchschicht befeuchtet, nicht aber die Erde darunter erreicht.
Eine andere Idee besteht darin, vor dem Mulchen einen feinporigen Schlauch oder einen Tropfbewässerungsschlauch an den Fuß der Pflanzen zu legen. Das Wasser gelangt auf diese Weise direkt in die Erde, ohne die Mulchschicht unnötig zu durchnässen, die Oberflächenerde zu verkrusten und ohne zu verdunsten.

Den Mulch nicht vergraben

Entfernen Sie den Mulch, je nach Situation, entweder nach der Ernte oder am Ende des Winters mit Hilfe eines Rechens, aber verscharren Sie ihn nicht. In der Natur wird organische Substanz niemals in der Erde vergraben. Das Verscharren von Mulchmaterial begünstigt Schädlingsbefall (Engerlinge, Erdraupen, Drahtwürmer/Schnellkäfer), Erkrankungen von Wurzeln und Sämlingen und anaerobe Fermentation.
Daneben besteht das Risiko eines Stickstoffmangels: Um die in der Erde vergrabene Substanz zersetzen zu können, benötigen die Mikroorganismen Stickstoff. Enthält der Mulch aber nicht genug davon (Laub, trockene Stängel, Stroh, gehäckselte Äste ohne Blätter, Flachs- oder Hanfmulch, Buchweizenhülsen, Kokosfaser etc.), dann beginnen die Mikroorganismen, sich den Stickstoff aus dem Boden zu holen – zum Schaden der Gemüsepflanzen, denen er dann fehlt.
Sehr feiner Mulch lässt sich schwer entfernen, etwa Flachs- oder Hanfmulch oder Buchweizenhülsen. Nach der Ernte kann das zum Problem werden. Es ist daher besser, solche Mulcharten für Dauerkulturen zu verwenden (mehrjährige Gemüsesorten, Frühlingszwiebel, Petersilie etc.).
Verwenden Sie die Mulchreste zum Mulchen anderer Kulturen oder, wenn sie bereits zum Teil zersetzt sind, für den Kompost.

Mulchen zeigt Wirkung! Links ein gemulchter Gartenabschnitt, rechts nicht gemulchte Spinatpflanzen unter starkem Unkrautbefall.

Die Mulchschicht verhindert, dass Wasser nach dem Gießen verdunstet.

Bewässern Sie die Pflanzen mit Hilfe eines feinporigen Schlauchs oder eines Tropfbewässerungsschlauchs, bevor Sie den Boden mulchen.

* Welchen Mulch verwenden?

Verwenden Sie, wenn möglich, einen Mulch, der auf die Kulturdauer abgestimmt ist, greifen Sie zu Grünabfällen, die Ihr Garten Ihnen zur Verfügung stellt. Mit der Dicke der Mulchschicht können Sie Ihren eigenen Erfahrungen, der Kulturdauer und dem Klima (trocken oder regnerisch) entsprechend variieren. In einem feuchten Klima zersetzt sich der Mulch leichter und kann daher dicker aufgetragen werden.

- Gemüsesorten mit **kurzer Kulturdauer** (Radieschen, Rüben, Frühlingsspinat): Greifen Sie bevorzugt zu einem Mulchmaterial, das sich rasch zersetzt und das etwa zum Zeitpunkt der Ernte schon verschwunden ist (Rasenschnitt, Häcksel aus kleinen, weichen Gartenabfällen etc.).
- Gemüsesorten mit **mittlerer Kulturdauer**/drei bis vier Monate (Erbsen, Grüne Bohnen, Kopfsalat, gehäufelte Kartoffeln): Verwenden Sie dieselben Mulcharten wie für kurze Kulturen, tragen Sie die Schicht aber dicker auf. Alternativ verwendet werden können auch Farnkraut, weiches Laub im Herbst, biologisch abbaubare Mulchfolien, Getreidestroh etc.
- Gemüsesorten mit **langer Kulturdauer und Dauerkulturen** (Karotten, Kohl, Feldsalat, Tomaten, Kürbisse, Herbstspinat, Winterradieschen, Endivien, Eisbergsalat, Lauch, Artischocken etc.): Verwenden Sie ein Mulchmaterial, das sich langsam zersetzt (Laub, Häcksel von grünen Sträuchern oder trockenen Blumen, Farnkraut, Häcksel aus Nadelholz oder von Thuje, Zypresse etc., Getreidestroh, Flachs- oder Hanfmulch, Buchweizenhülsen, Kakaobohnen etc.).

Darf ich Pflanzen direkt in den Mulch setzen?

Sie möchten Pflanzen in ein Gartenbeet setzen, das bereits gemulcht ist? Wenn die Erde noch schön weich ist, kein Problem: Schieben Sie den Mulch zur Seite, pflanzen Sie das Gemüse in den Boden und schützen Sie es mit einem Schutzring. Verschließen Sie die Mulchschicht rundherum wieder und gießen Sie die Pflanze. In puncto Bodenvorbereitung und Bodenbearbeitung haben Sie nur Zeit gespart!

Die Mulchschicht den Winter über bestehen lassen

Bei Gemüsesorten, deren Erntezeit bis in den Herbst hineingeht (Tomaten, Kürbisse, Zucchini, Grüne Bohnen etc.), bleibt die Mulchschicht nach Ende der Kulturdauer weiter bestehen. Sie sollte dann bis zum Winterende liegen bleiben – so schützt sie die Erde, verhindert den Wuchs von Unkraut, das sogar im Winter keimt (Gewöhnliche Vogelmiere etc.), versorgt die Regenwürmer und Nützlinge im Boden mit Nährstoffen und bietet diesen Schutz.

Ein provisorischer Schutzring (Eimer ohne Boden) verhindert, dass Mulch, der von Vögeln durcheinandergewirbelt wird, die Pflanzen erstickt.

* Der beste Mulch für den Gemüsegarten

Rasenschnitt

Rasenschnitt ist ein hervorragender Mulch, für den Gemüsegarten vielleicht der beste. Er ist einfach abbaubar und setzt rasch Nährstoffe frei, unter anderem Stickstoff. Rasenschnitt ist ein nahrhafter Mulch, den wir zwischen März und November zur Verfügung haben – genau dann, wenn wir ihn brauchen. Verwenden Sie Rasenschnitt ohne Samen. Sie können ihn direkt über den Boden verteilen, auch sofort nach dem Rasenmähen – achten Sie darauf, dass die Schicht niemals dicker ist als 2 cm, sodass sie nicht zu lange bestehen bleibt (siehe S. 112).
Älteres Gras, das unregelmäßiger geschnitten wurde und das noch keine Samen enthält, ist einfacher in der Handhabung: Es ist feuchter, besitzt dickere Blätter und mehr Stängel – so ist die Gefahr geringer, dass es eine dicke Kruste bildet, wenn Sie es direkt nach dem Mähen über den Rasen verteilen.

Rasenschnitt richtig verwenden

	Mulchen direkt nach dem Mähen, Trocknung auf dem Boden in der Sonne	Mulchen mit im Voraus getrocknetem Material
Schichtdicke	Dünne Schicht: max. 2 cm, 3 cm im Hochsommer	Bis 10 cm
Dauer	1 bis 2 Monate	Bis zu 6 Monaten
Kulturen	Sorten mit kurzer Kulturdauer: Radieschen, Rüben, Kopfsalat, Kartoffeln, angehäufelte Grüne Bohnen etc.	Sorten mit mittlerer bis langer Kulturdauer: Tomaten, Zucchini, Auberginen, Blumen, Rosen, Sträucher etc.

Von links nach rechts: Kartoffeln, Spinat, Radieschen und Rüben, Kopfsalat, gemulcht mit Rasenschnitt. Erdbeeren, gemulcht mit Laub und Reisighäcksel

Weiches Laub im Herbst

Reisig und Heckenschnittgut, mit dem Rasenmäher zerkleinert

Trockene Blumenstängel, mit dem Rasenmäher zerkleinert

Laub

Im Herbst kann zusätzlich zum Rasenschnitt Laub verwendet werden. Gemeinsam geben sie eine schützende Schicht und werden zur Humusquelle. Greifen Sie zu weichen, einfach zersetzbaren Blättern, zum Beispiel von Linde oder Hasel (siehe S. 73). Damit das Material sich leichter verteilen lässt und ansehnlicher wird, zerkleinern Sie es vor dem Mulchen mit dem Rasenmäher. Sehr kräftige Blätter, die nur langsam abgebaut werden, sollten Sie nicht zerhäckseln. Denn nach Winterende müssen alle nicht zersetzten Reste entfernt werden – das ist einfacher, wenn die Blätter ganz sind.

Häcksel aus Heckenschnitt oder Reisig

Junge Äste, die beim Strauch- oder Heckenschnitt entstehen (siehe S. 74–75), bilden hervorragenden Mulch. Zerkleinern Sie sie mit dem Rasenmäher, damit sie sich einfach verteilen lassen. Sie werden innerhalb von sechs Monaten abgebaut. Dabei setzen sie viele Nährstoffe frei, an denen sich die Regenwürmer nur so laben. Vermeiden Sie im Gemüsegarten stachelige Rosenstängel – sie sollten in den Winkeln des Gartens zum Einsatz kommen, die Sie mit bloßen Händen nie bearbeiten.

Trockene Blumen oder Stängel, Farnkraut

Trockene Blumen und Stängel oder Farnkraut sind ideale Mulchmaterialien, die während des Gartenjahres entstehen. Sie eignen sich für Gemüsesorten mit kurzer bis mittlerer Kulturdauer. Einen ebenfalls hervorragenden Mulch geben fallende Lindenblätter.

Pflanzengut mit dem Rasenmäher zerkleinern

Junge, feuchte Äste mit bis zu 1 cm Durchmesser (Rosen, Sträucher, Thujen) werden mit dem Rasenmäher zerkleinert. Stapeln Sie die Gartenabfälle dünn übereinander auf. Gehen Sie mit dem mit Fangkorb versehenen Rasenmäher langsam darüber. Bilden Sie aus den noch nicht zerstückelten Abfällen wieder einen Haufen und häckseln Sie diese in einem zweiten Durchgang. Die letzten, nicht zerhäckselten Äste kommen unter eine Hecke. Schleifen Sie die Klinge des Rasenmähers regelmäßig. Die Klinge und der Rasenmäher halten dieser Form der Verwendung gut stand.

Thujenschnitt

Thujen zersetzen sich sehr langsam und erweisen dem Gärtner wertvolle Dienste, wenn es um die Unkrautbekämpfung geht. Tomaten, Endivien, Kopfsalat, Feldsalat oder Zucchini gewöhnen sich zum Beispiel sehr gut an dieses Material. Mit dem Rasenmäher zerhäckselt, lassen sich Thujenzweige einfacher nahe an kleinen Pflanzen, etwa Feldsalatpflänzchen, verteilen. Schon dünne Schichten wirken sehr effizient. Der Nachteil: Für die Regenwürmer scheinen Thujenhäcksel keine gute Nahrung zu sein. Zu dicht aufgetragen, bieten sie Nützlingen keinen guten Schutz.

Tomatenpflanzen, mit Thujenschnitt gemulcht

Und Stroh?

In einer ausreichend dicken Schicht (mehr als 5 cm im Gemüsegarten) ist Stroh ein guter Mulch, um Unkrautwuchs vorzubeugen.
Es zersetzt sich langsam, wodurch es sich für Pflanzen mit langer Kulturdauer und als Wintermulch eignet. Nützlingen bietet Stroh eine gute, gut durchlüftete Schutzschicht. Allerdings musste ich feststellen, dass Stroh für den Gemüsegarten nicht das beste Mulchmaterial ist – und das nicht nur deshalb, weil es in kleinen Mengen schwer erhältlich ist. Es zersetzt sich so langsam, dass es den Bodenorganismen, und hier besonders den Regenwürmern, nur wenige Nährstoffe zur Verfügung stellt. Noch am Winterende ist das Stroh nur wenig zersetzt – aus Nahrungsmangel haben die Regenwürmer darunter nur wenig gearbeitet und die Erde neigt dazu, sich wieder zu verdichten.
Mit einem Mulch aus Rasenschnitt, Laub oder mit dem Rasenmäher gehäckselten Gartenabfällen kann so etwas nicht passieren – diese Materialien bieten den Bodenorganismen gute Nahrung, an der sich die Regenwürmer laben und dabei den Boden auflockern und mit Gängen durchziehen.
Das Ergebnis? Unter einer Mulchschicht aus Grünabfällen ist die Erde am Winterende um ein Vielfaches weicher und der Gärtner hat weniger Arbeit, sie wieder zu bebauen.

Feldsalat, im Herbst mit Thujenhäcksel (mit dem Rasenmäher zerstückelt) gemulcht

Organischer Mulch aus dem Handel

Flachs- oder Hanfmulch sowie Schalen von Sonnenblumenkernen oder von Buchweizen eignen sich sehr gut, um Unkraut vom Boden fernzuhalten. Zu beachten ist dabei nur, dass die Mulchschicht ausreichend dick (mindestens 3 cm) und durchgehend (zwischen den Pflanzen und zwischen den Reihen) aufgetragen sein sollte.

Weil sie sich langsam zersetzen, eignen sich diese Mulchmaterialien kaum für Sorten mit kurzer Kulturdauer. Sie neigen zur Verfestigung und werden so häufig dicht gegenüber Gieß- oder Regenwasser, das an der Oberfläche zusammenläuft, ohne dabei einzudringen. Wie jedes Mulchmaterial sollte auch dieses nicht vergraben werden. Nützlingen bietet es, anders als andere Materialien, keinen Schutz.

Biologisch abbaubare Mulchfolie

Mulchfolien, die aus Getreidestärke hergestellt werden, eignen sich sehr gut für Gemüsepflanzen (Zwiebeln, Schalotten, Kopfsalat, Kohl, Kürbisse, Zucchini, Auberginen etc.). Je nach Dicke zersetzen sie sich in drei bis sechs Monaten, das reicht für die meisten Kulturen im Gemüsegarten zeitlich aus.

Im Gegensatz zu anderen Mulchmaterialien wird die Folie aus Biokunststoff schon vor der Aussaat über den Boden gelegt. Die Bodenoberfläche sollte dafür von Unregelmäßigkeiten befreit und leicht gewölbt sein, damit sich Regenwasser nicht auf der Folie sammelt. Die Folie muss an den Rändern gut befestigt werden. Für die Bepflanzung reicht es, sie mit einem Cutter einzuschneiden.

Am Ende der Kultur, üblicherweise innerhalb von maximal sechs Monaten, ist die Folie biologisch abgebaut.

Mulchfolie aus Polypropylen

Folien aus Kunststoffgewebe sind solide und luftdurchlässig und halten mehrere Jahre lang. Sie werden auf die Erde gelegt, anschließend werden mit dem Cutter kreuzförmige Löcher in die Folie geschnitten, sodass Raum für die Pflanzen entsteht. Diese Folien eignen sich sehr gut für Pflanzen, die in konstanten Abständen gepflanzt werden, etwa Tomaten- oder Erdbeerstauden – Sie können sie dann im nächsten Jahr einfach wieder verwenden.

Entfernen Sie die Folie bei Erdbeerpflanzen im Herbst nach der Ernte oder am Winterende, führen Sie dem Boden Kompost zu (Erdbeeren sind jedes Jahr wieder gierig darauf!) und legen Sie die Folie dann sofort wieder über die Erde. In diesem Fall ist die gewebte Folie sicher eine bessere Wahl als die Plastikfolie, die mehrere Jahre an Ort und Stelle liegen bleibt, eine jährliche Humuszufuhr unmöglich macht und so dem Leben im Boden schwer schadet

Häcksel aus Nutzhanf

Zu 100 % biologisch abbaubarer Kunststoff

* Vorbeugen im Gemüsegarten: Die wichtigsten Kulturen und dazu passende Maßnahmen

Anhäufeln

▸ **Kartoffeln:** Kartoffeln werden nach und nach angehäufelt – so ist es möglich, auch gleichzeitig Unkraut zu jäten. Nach dem letzten Anhäufeln wird das Gemüsebeet mit einer dünnen Schicht (2 cm) frischem Grünschnitt gemulcht. Bei der Ernte, zwei Monate später, hat diese sich zersetzt.

▸ **Lauch:** Lauch (Porree) wird zunächst in den tiefsten Punkt einer Furche gepflanzt. Die Erde am Fuße der Pflanze wird dann zwei oder drei Mal angehäufelt, sodass der weiße Teil länger wird. Dabei kann gleichzeitig auch Unkraut entfernt werden. Zum Schluss wird gemulcht – hier am Bild mit Laub, das dann den Winter über liegen bleibt.

▸ **Grüne Bohnen:** Grüne Bohnen werden leicht angehäufelt, damit ihr Wurzelsystem gestärkt wird und sie sich besser im Boden verankern können. Anschließend werden sie gemulcht – hier im Bild mit Reisig, das mit dem Rasenmäher zerkleinert wurde.

Kartoffeln, nach dem Anhäufeln mit einer dünnen Schicht Rasenschnitt gemulcht

Lauch, gemulcht mit Laub

Grüne Bohnen, nach dem Anhäufeln mit Häcksel aus trockenen Stängeln gemulcht

Gemulchtes Gemüse: Sauberer und gesünder!

All die Vorteile, die das Mulchen dem Ziergarten bringt (siehe S. 62), gelten auch für das Gemüsebeet. Daneben gibt es noch einige Pluspunkte speziell für den Gemüsegarten: Bei heftigen Regenfällen landet keine Erde an Gemüse und Früchten – sie sind dadurch sauberer und einfacher zu waschen. Früchte, etwa Erdbeeren, können direkt von der Staude genascht werden – und die sind ja bekanntlich die besten! Im unteren Bereich der Pflanze verringert sich das Risiko einer Übertragung von Krankheiten (z. B. Falscher Mehltau). Unerwünschte Gräser – ein paar wenige werden immer da sein – lassen sich einfacher ausreißen.

Großes Gemüse: Kürbisse & Co.

Kürbisgewächse breiten sich über einige Quadratmeter aus – dieser Platz muss also für sie reserviert werden. Wie aber nutzen wir diesen Platz? Sie können ihn gleich nach der Bepflanzung mit einer Mulchschicht versehen. Oder aber Sie nutzen die Gelegenheit, um im Frühling einen Gründünger zu säen, zum Beispiel Senf oder, in den milderen Gegenden, die Phazelie (siehe S. 108). Säen Sie den Gründünger einige Wochen, bevor Sie das Gemüse anpflanzen. Für dieses lassen Sie ein wenig Platz frei.

1 Setzen Sie die Kürbispflänzchen in den einige Wochen zuvor gesäten Gründünger.

2 Wenn die Kürbisgewächse sich auszubreiten beginnen, mähen Sie den Gründünger mit einem Sichelmesser und lassen Sie das Schnittgut auf dem Boden liegen. Es bildet die erste Mulchschicht.

3 Fügen Sie zur Mulchschicht aus Gründünger weitere leicht zersetzbare Materialien hinzu und lassen Sie diese bis zum nächsten Frühling liegen: Häcksel aus kleinen Ästen, Heckenschnitt, gelagertes Laub etc.

Gemüse anzüchten: Kohl, Auberginen, Tomaten, Mangold, Kopfsalat, Endivien & Co.
Diese Gemüsesorten werden entweder in einer Saatschale oder kleinen Blumentöpfen angezüchtet oder sie werden in einem Becher oder pflanzbereit mit dem Wurzelballen im Handel gekauft.
Schützen Sie die Pflänzchen, solange sie klein sind, mit einem Schutzring (siehe S. 106) und mulchen Sie sie dann. Es ist auch möglich, alten Mulch einfach zur Seite zu schieben und die Pflanze in den entstandenen Freiraum zu setzen (siehe S. 106).

Mangold, gemulcht mit Stroh

Versorgen Sie die Erde, falls nötig, mit einer Schicht Kompost, die Sie mit der Gartenkralle verteilen. Mulchen Sie dann den Boden.

Gemüse direkt im Garten säen: Karotten, Rüben, Pastinaken, Radieschen, Rucola, Kopfsalat zur Direktsaat & Co.

Gehen Sie vor, wie auf S. 95 beschrieben. Wenn das Gemüse groß genug ist und nicht mehr Gefahr läuft, von anderen Pflanzen verdrängt zu werden, tragen Sie zwischen den Reihen eine Mulchschicht auf, die bis hin zu den Pflänzchen geht.

Keine Angst vor Fäulnis – das ist mir in mehr als 30 Jahren Gartenerfahrung nie passiert. Diese Gefahr besteht nur, wenn Sie zu feuchten Rasenschnitt in einer zu dicken Schicht auftragen (siehe S. 72).

Endivien, gemulcht mit Häcksel aus Blättern der Lorbeerkirsche

Rüben, gemulcht mit Laub

Von links nach rechts: Reisighäcksel, Häcksel aus Ästen, Laub, Häcksel aus Ästen

Ab der Bepflanzung oder Saat mulchen

Wenn es in Ihrem Garten vor Vögeln und Katzen nur so wimmelt, dann besteht die Gefahr, dass diese den Mulch wegscharren oder verschleppen. Wenn er auf kleinen Pflänzchen oder Samen landet, kann er diese ersticken.
Ein einfacher Trick macht das Mulchen von Gemüsepflanzen (Kopfsalat, Kohl etc.) trotzdem möglich: Versehen Sie die Pflanze gleich nach dem Einsetzen mit einem Schutzring. Nehmen Sie dafür einfach einen Kunststoffblumentopf zur Hand und entfernen Sie den Boden. Drücken Sie den Kunststoffring rund um die Pflanze in die Erde. Der Boden kann anschließend gemulcht werden, ohne dass die Pflanzen dadurch bedroht werden. Zusätzlich schafft der Kunststoffring ein wärmeres Mikroklima und schützt die Pflanze vor Wind. Vergessen Sie nicht, ihn zu entfernen, wenn die Pflanzen ein wenig gewachsen sind. Bei Samen besteht der Trick darin, über dem Mulch ein Schutznetz aus Kunststoff auszurollen, das entfernt wird, sobald die Pflanzen groß genug sind.

Erdbeerstauden mulchen

Erdbeeren sind mehrjährige Pflanzen, die ursprünglich im Unterholz gedeihen. Als solche benötigen sie viel Humus und lieben eine Mulchschicht aus Laub oder Kiefernnadeln, eventuell auch aus Häcksel aus kleinen Ästen. Schneiden Sie nach der Ernte (bzw. bei zweimal tragenden Sorten im Herbst) die alten Blätter ab.

1. Schneiden Sie die alten Blätter ab und bringen Sie sie zum Kompost.
2. Versorgen Sie den Boden mit Kompost.
3. Verteilen Sie den Kompost mit einer kleinen Gartenkralle.
4. Mulchen Sie den Boden zwischen den Pflanzen.

Mehrjährige Gemüsepflanzen mulchen

- **Artischocken** mögen Mulch aus Laub. Tragen Sie davon eine Schicht im Herbst auf, sodass die Pflanzen im Winter vor Frost geschützt sind, und verteilen Sie sie am Winterende rundherum.
- **Rhabarber** schätzt, genauso wie die Erdbeere, eine Kompostzufuhr im Herbst. Tragen Sie außerdem ganzjährig eine dicke Schicht Mulch auf, um Unkraut fern- und den Boden kühl zu halten.

Die Ausnahmen: Kein Mulch für Knoblauch, Zwiebeln & Schalotten in feuchten Gegenden

In feuchten Gegenden können Knoblauch, Zwiebeln und Schalotten faulen, wenn sie gemulcht werden. Die Gefahr geht dabei nicht von der Mulchschicht aus, sondern von der Erde: Diese bleibt dann zu feucht, was die Zwiebeln und Knollen krank machen kann. Für diese Kulturen muss bei der Unkrautbekämpfung anders vorgegangen werden: Falsches Saatbett, Abdeckung des Beetes vor der Bepflanzung, Jäten zwischen den ausreichend breiten Reihen. Ein Mulchmaterial, das verwendet werden kann, ist Biokunststoff.

Schritt für Schritt

Phazelie, gesät nach der Kartoffelernte

Vorbeugen: Konkurrenz durch Gründünger

Wenn Unkraut vorgebeugt werden soll, dann sind Gründünger eine sehr wirksame Lösung:
- Bei der Vorbereitung des Bodens vor der Aussaat können unerwünschte Gräser entfernt werden. Gleichzeitig werden die Gründüngerpflanzen zur Keimung angeregt.
- Unter den Blättern des Gründüngers stirbt bereits gekeimtes Unkraut.

Für eine optimale Wirkung müssen Gründünger sehr rasch keimen und sich schneller entwickeln als Unkrautpflanzen. Es ist daher wichtig, sie unter guten Bedingungen zu säen: Die Erde muss weich und fein genug sein, sie müssen dicht und zu einem günstigen Zeitpunkt gesät werden, auf richtige Bewässerung ist zu achten.

Greifen Sie zu schnell wachsenden Pflanzenarten: Senf, Raps, Gemeiner Buchweizen, Phazelie, eine Wicken-Hafer-Mischung. Roggen unterdrückt Unkraut sehr effizient, Buchweizen hindert es am Aufkeimen. Schneiden Sie Gründünger, bevor sie Samen bilden und mindestens anderthalb Monate, bevor Sie den Boden erneut bepflanzen. Lassen Sie den Pflanzenabfall auf dem Boden liegen und sich zersetzen – er kann an Ort und Stelle als Mulch verwendet werden (siehe S. 98).

Gründünger	Saatzeitpunkt	Dichte (g/10 m²)	Kulturdauer	Empfehlungen
Senf	◗ März bis Mai ◗ August bis September	20 g	◗ 1 bis 2 Monate im Frühling ◗ 3 bis 6 Monate im Winter	◗ Sehr einfache Kultur, schnelles Wachstum ◗ Wirkt gegen Fadenwürmer und andere Schädlinge ◗ Erfriert bei −8 °C
Rübse oder Winterraps	◗ August bis Oktober	20 g	◗ 3 bis 6 Monate im Winter	◗ Frostunempfindlich (−15 °C)
Phazelie	◗ Mai bis August	15 g	◗ 1,5 bis 2 Monate im Sommer ◗ 3 bis 6 Monate im Winter	◗ Unempfindlich gegen Trockenheit ◗ Besonders reich an Nektar ◗ Erfriert bei −6 °C
Gemeiner Buchweizen	◗ Mitte April bis September	80 g	◗ 2 Monate im Frühling/Sommer ◗ 3 bis 4 Monate im Herbst	◗ Besonders reich an Nektar ◗ Erfriert bei −1 °C
Wicke	◗ April bis Mai ◗ August bis September	200 g	◗ 1,5 bis 2 Monate	◗ Stickstofflieferant für den Boden ◗ Sollte gemeinsam mit einer Stützpflanze angebaut werden (Roggen, Hafer) ◗ Erfriert bei ca. −10 °C
Hafer oder Roggen	◗ August bis September	200 g	◗ 5 bis 6 Monate	◗ Verträgt karge Böden

Anhang

- Checkliste: Mulcharten – Vor- und Nachteile
- Kästchenverzeichnis
- Weiterführende Internetadressen
- Bezugsquellen
- Index

Checkliste: Mulcharten – Vor- und Nachteile

Mulchmaterial	Anwendungsbereiche	Vorteile	Nachteile
Grünabfälle aus dem Garten	Alle Kulturen	Kostenlos, Humusquelle, unterstützen das Leben (die Nützlinge) im Boden, kein Entsorgen von Gartenabfällen	Kaum geeignet für mediterrane Pflanzen (trockenes und heißes Klima) und für Steinpflanzen
Häcksel aus Ästen	Ausdauernde Kulturen (Sträucher etc.)	Langlebig Langfristige Humusquelle	Ungünstiges Material, um Nützlingen Schutz zu bieten Neigt zur Verhärtung schwerer, schlammiger oder tonhaltiger Böden Erfordert einen Häcksler
Reisig, trockene Stängel	Alle Kulturen, auch im Gemüsegarten	Einfach mit dem Rasenmäher zu zerkleinern	Zersetzt sich sehr rasch
Laub	Weiche Blätter: im Herbst im Gemüsegarten und für zweijährige Blumen Kräftige Blätter: alle Zierkulturen, Obstkulturen etc.	Unterstützt das Leben im Boden und schafft Nützlingen Unterschlupf Langsame Zersetzung Humus- und Nährstoffquelle	Lässt sich ungehäckselt einfach vom Wind verwehen
Häcksel aus Heckenschnitt	Alle Kulturen, auch im Gemüsegarten für Pflanzen mit langer Kulturdauer	Mit dem Rasenmäher einfach zu zerkleinern Sehr langlebig Sogar geeignet: Heckenschnitt von Nadelholz (Thujen etc.) und Lorbeerkirsche	Nadelholzhäcksel sollten nicht über mehrere Jahre am selben Ort verwendet werden (langfristig Gefahr der Übersäuerung)
Rasenschnitt	Ideal für Pflanzen mit kurzem Lebenszyklus: Gemüse, einjährige Blumen etc. Alle Kulturen	Rasche Zersetzung Versorgt den Boden rasch mit Stickstoff und Mineralstoffen	Muss vor der Verwendung einige Stunden getrocknet werden, ansonsten bleibt er feucht und beginnt zu faulen (Entstehung von Säuren und Giftstoffen)
Kartons	Alle Kulturen Zur Unkrautvernichtung oder zur Rodung wilder Flächen, die kultivierbar gemacht werden sollen	Kostenlos, einfach verfügbar	Zersetzen sich rasch, müssen häufig erneuert werden Benötigen 6-monatige Vorausplanung Optisch nicht sehr ansprechend

Biologisch abbaubare Folie, Folie aus Biokunststoff (Getreidestärke)	◗ Gemüsegarten, einjährige Blumen	◗ Biologisch abbaubar; größtenteils erneuerbarer Rohstoff	◗ Sehr kurzlebig ◗ (3 bis 6 Monate), hohe Umweltbelastung
Getreidestroh	◗ Alle Kulturen im Zier- oder Gemüsegarten	◗ Humusquelle, bietet den Lebewesen im Boden Unterschlupf, einfach zu handhaben, bei ausreichender Dicke (10 cm) sehr wirkungsvoll gegen Unkraut	◗ In kleinen Mengen schwer erhältlich, keine Nahrungsquelle für Regenwürmer und andere Zersetzer, häufiges Wiederaufkeimen von Getreide
Mulchfolie aus PLA (Milchsäure) od. Pflanzenfasern	◗ Hecken, Sträucher, Erdbeerstauden	◗ Biologisch abbaubar, erneuerbarer Rohstoff (auch PLA)	◗ Kostenintensiv, sehr kurzlebig (6 Monate bis 2 Jahre)
Mineralmulch: Puzzolan oder Schieferchips	◗ Stein- und Schuttpflanzen ◗ Aromatische Pflanzen (Thymian, Rosmarin, Salbei, Ysop etc.) ◗ Pflanzen für Hitze und Trockenheit ◗ Topfpflanzen	◗ Äußerst langlebig, bereichert langfristig den Boden mit Mineralien	◗ Kostenintensiv – für eine gute Wirkung muss die Schicht dick sein (mind. 5 cm), schwer, keine Humusquelle
Organischer Mulch aus dem Handel (Rinde, Nebenprodukte von Nutzhanf, Flachs, Buchweizen, Kakao, Sonnenblumen etc.)	◗ Alle Kulturen, jedoch nur auf kleinen Flächen oder bei der Schaffung eines Gartens (wenn noch keine Grünabfälle vorhanden sind)	◗ In großen Mengen verfügbar, langfristige Humusquelle ◗ Alle Materialien besitzen in etwa dieselbe Qualität, aber nur Kakaoschalen enthalten viele Nährstoffe	◗ Kostenintensiv, benötigt Transport ◗ Verfestigt sich und bildet dabei eine undurchlässige Kruste, die das Eindringen von Wasser oder Sauerstoff in den Boden verhindert (Hanf, Flachs, Buchweizen) ◗ Ungünstig für das Leben im Boden und die Nützlinge, zu fein, um im Winter Schutz zu bieten ◗ Enthält wenige Nährstoffe (außer Kakaoschalen) ◗ Kiefernrinde führt bei jahrzehntelanger Anwendung zu einer Übersäuerung des Bodens
Kunststoffmulch	◗ Lange Hecken, Steilflächen, schwer zugängliche Orte ◗ Nicht im Garten anwenden	◗ Langlebig, sehr wirksam gegen Unkraut, kostengünstig, erwärmt den Boden im Frühling	◗ Verringert das Leben im Boden, weil es jede Humuszufuhr verhindert, „sterilisiert“ die Erde, schafft für die Pflanzen im Garten ein ungünstiges Milieu, optisch nicht sehr ansprechend, hohe Umweltbelastung (aus Erdöl gewonnen)

Kästchenverzeichnis

Weiterführende Internetadressen

Unkraut bekämpfen
http://www.gartentipps.com/unkraut-vernichten-ohne-chemische-mittel.html

Unkrautbekämpfungsmittel
http://www.gartenlexikon.de/gartenpraxis/pflanzenschutz/unkraut/unkraut-vernichten.html

Biologische Unkrautmittel
http://www.gartendialog.de/gartenpflege/unkraut/biologische-unkrautvernichtungsmittel.html

Alles zum Gärtnern
http://www.zuhause.de/unkraut-alles-zum-thema-unkraut-vernichten-und-unkraut-entfernen/id_45256498/index

Garten-Blog
http://gartenblog.baldur-garten.de/2013/04/mulchen-schutz-fur-boden-und-pflanzen/

Richtig mulchen
http://www.biogaertner.at/richtig-mulchen/

Mulchen im Garten
http://www.naturimgarten.at/mulchen

Mulchen als Schutzmaßnahme
http://www.nachhaltigleben.ch/themen/garten/gemuesegarten/mulchen-im-eigenen-garten-schuetzt-vor-trockenheit-2736

Bezugsquellen

Gartengeräte, Werkzeuge, Mulchmaterialien, Rasenmischungen, Pflanzen
in Baumärkten, im Gartenfachhandel

Gartengeräte, Werkzeuge, Vliese
http://www.manufactum.de/garten-gartenpflanzen-c172792/

Rasenmischungen
https://www.rasensamen-kaufen.de/

http://www.baldur-garten.at/unterkategorie/Rasensamen/Gartenzubehoer/Rasenpflege/Rasensamen/detail.html

Saatgut
http://shop.arche-noah.at/

http://www.beet-box.at/

Bio-Saatgut, Gründünger
http://www.reinsaat.co.at/

http://www.samen-maier.at/

Bodendecker und andere Pflanzen
http://shop.mein-schoener-garten.de/Produkte Pflanzen/Baum-Strauch/Bodendecker/

Gartengeräte, Pflanzen
http://www.meingartenshop.at/index.php?Online-Gartnerei

„NaturMulch"
http://www.naturmulch.at/mulchmaterial-und-gartendekor/index.html

Vliese, Mulchfolien
http://www.gartenvlies.de/

http://www.noor.eu/

Biologisch abbaubare Mulchfolien
http://www.biofolien.at/index.php

Kakaoschalen
http://www.agrostim.de/produkte/duenger/kakaoschalen

Geotextilvlies
http://www.geotextilvlies.de/

http://www.lanz-going.com/geotextil-geokunstoffe.html

http://shop.traugott-tirol.at/Geotextil-Vlie

Index

Aus unserem Programm

www.stocker-verlag.com

ISBN: 978-3-7020-1142-0

ISBN: 978-3-7020-1260-1

ISBN: 978-3-7020-1212-0

ISBN: 978-3-7020-1591-6

ISBN: 978-3-7020-1263-2

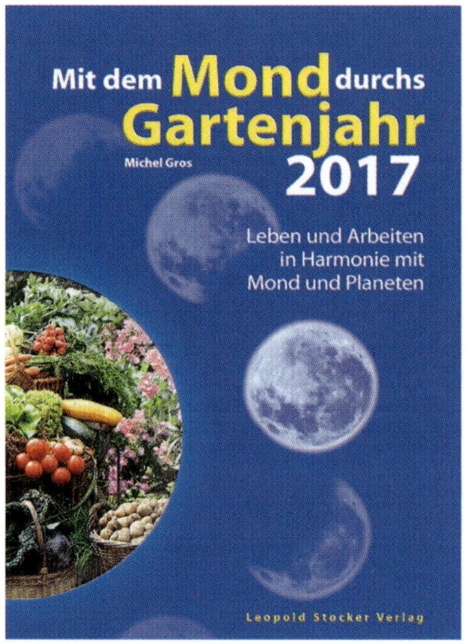

ISBN: 978-3-7020-1603-6